Adolf Erik Nordenskiöld

EXPÉDITION

POLAIRE SUÉDOISE DE 1878

PASSAGE

DU NORD-EST

Elibron Classics
www.elibron.com

Elibron Classics series.

ISBN 0-543-97496-0 (paperback)
ISBN 0-543-97495-2 (hardcover)

This Elibron Classics Replica Edition is an unabridged facsimile of the edition published in 1879 by Édouard Berling, Upsala.

EXPÉDITION

POLAIRE SUÉDOISE DE 1878

PASSAGE

DU NORD-EST

RAPPORTS DE

M. LE PROFESSEUR NORDENSKIÖLD

A M. LE DR OSCAR DICKSON

(*du 27 Septembre 1878 au 2 Septembre 1879*)

TRAD. DU SUÉDOIS PAR F. SCHULTHESS

UPSALA
IMPRIMERIE DE L'UNIVERSITÉ ÉDOUARD BERLING
1879

TABLE DES MATIÈRES [1]

I. RAPPORT DU 27 SEPTEMBRE 1878 AU 1er AVRIL 1879

HIVERNAGE. RAPPORTS AVEC LES INDIGÈNES ET TRAVAUX SCIENTIFIQUES

1) Ajoutée à l'original.

II. RAPPORT DU 1er AVRIL AU 2 SEPTEMBRE 1879

FIN DE L'HIVERNAGE. VOYAGE DU QUARTIER D'HIVER AU JAPON. EXPLORATIONS DANS LA MER DE BERING.

I.

DU 27 SEPTEMBRE 1878 AU 1er AVRIL 1879.

Comme le mentionne mon précédent rapport, le *Véga* gagna le 27 Septembre le bord intérieur du cap qui borne à l'E. la baie de Kolioutchine. Dans le cours de la journée, nous avions dû, il est vrai, nous frayer une route à travers la glace de formation récente, mais nulle part elle n'avait été assez forte pour entraver notre navigation. Le temps était calme et beau, et la température de l'air ne descendait guère au-dessous de zéro [1]. Rien ne nous faisait donc soupçonner que dans les jours qui allaient suivre la mer nous saisirait dans ses chaînes d'hiver.

Lorsque le *Véga* s'approcha de la côte orientale de la baie de Kolioutchine, il fut aisé de voir, du haut du tonneau de vigie, que des glaces flottantes se trouvaient si près de l'extrémité du promontoire qu'elles ne laissaient qu'un étroit chenal le long du rivage. Le jour était sur son déclin, et il était à craindre que ce passage ne fût pas assez profond pour notre bâtiment, qui tire beaucoup d'eau pour naviguer le long des côtes dans l'Océan sibérien. Nous jetâmes donc l'ancre, afin d'envoyer une chaloupe le soir même sonder le

[1]) Toutes les évaluations thermométriques sont faites suivant l'échelle centigrade. *Note du Tr.*

chenal en vue. Quelques naturalistes et moi nous saisîmes avec empressement cette occasion d'aller explorer cette région encore à peu près inconnue au point de vue scientifique. La nuit tombée, le bateau revint nous apprendre que les eaux voisines du rivage étaient assez profondes et que, du haut d'une éminence du promontoire, on apercevait un très vaste chenal le long de la côte. Tout le monde alla donc se reposer, dans l'espérance de pouvoir franchir le lendemain la plus grande partie de la distance insignifiante qui nous séparait encore de l'Océan Pacifique.

Le 28 Septembre, le temps continuait à se maintenir au beau. Pendant la nuit, la mer s'était couverte d'une glace récente de cinq centimètres d'épaisseur, mais cet obstacle n'était pas en soi de nature à empêcher le *Véga* de poursuivre sa route. Nous levâmes donc l'ancre. Tout alla bien jusqu'à quelques kilomètres à l'E. du cap dont j'ai parlé plus haut. Les eaux où nous nous avancions commencèrent tout à coup à se troubler, et nous dûmes en chercher de plus profondes un peu plus au large parmi les glaçons flottants; mais ceux-ci étaient alors si fortement liés par la glace formée le jour précédent que tous nos efforts pour avancer furent inutiles. Aussi devint-il nécessaire, comme cela avait été souvent le cas pendant la dernière partie du voyage, d'accoster un «grundis» [1]) en attendant que les glaces nous fussent plus propices.

Certain qu'en quelques heures un vent du sud suffirait pour chasser la glace qui interceptait notre

[1]) Glace échouée au fond de la mer. — *N. du Tr.*

route et rassuré dans la pensée que bien des fois des baleiniers n'ont quitté ces parages qu'au milieu d'octobre, je m'inquiétai peu d'abord de cet arrêt forcé, que nous mettions à profit en faisant des excursions à terre et en causant avec les indigènes; mais lorsque les jours se succédèrent sans amener de changement, je compris clairement qu'il fallait nous préparer à hiverner dans ces parages. Ce fut un revers inattendu et d'autant plus difficile à supporter avec calme qu'il était évident que nous aurions su l'éviter, si nous étions arrivés quelques heures plus tôt au côté oriental de la baie Kolioutchine, et que dans de nombreuses occasions nous aurions pu épargner ces quelques heures.

De plus, la position du navire était loin d'être parfaitement rassurante. En effet, lorsque le *Véga* fut pris dans les glaces, il n'était pas à l'ancre dans un port, mais amarré derrière un glaçon échoué à une profondeur de neuf mètres et demi, à 1,400 mètres de terre, dans une rade complètement ouverte vers le nord de N. 74° O. à E. Là, notre vaisseau n'avait pour tout abri contre la violente presse des glaces — que les tempêtes d'hiver produisent habituellement dans les mers polaires —, qu'un bloc de glace échoué par les hautes eaux et par conséquent fixé d'une façon peu sûre lorsque les eaux s'élèveraient de nouveau. Il s'en fallut de bien peu d'ailleurs que le *Véga* n'eût encore un plus mauvais mouillage pour l'hiver; en effet, embossé d'abord derrière d'autres blocs de glace qui avaient échoué à deux cents mètres plus près de terre, il dut bientôt changer de place, car il n'avait là que quelques centimètres d'eau sous la quille. Si le *Véga* avait été enfermé dans cet endroit, les choses auraient mal tourné pour nous, car pendant les tempêtes d'automne la glace nouvellement formée fut pressée sur ces blocs, de manière que la couche épaisse de cinquante centimètres environ fut brisée en milliers de morceaux qui tourbillonnèrent sur les glaçons échoués et formèrent un immense «torosse» ou rempart de débris de glaçons anguleux. Un bâtiment amarré près de là aurait certainement été brisé en éclats dès le commencement de l'automne.

Le glaçon échoué près duquel le *Véga* s'amarra en dernier lieu mesurait environ 40 mètres de long sur 25 de large, sa plus grande hauteur au-dessus de l'eau était de 6 mètres; il n'était certes pas considérable, mais il offrait un bon abri au bâtiment. A la vérité, ce bloc même et le *Véga* avec le champ de glace de formation récente qui était devant furent transportés beaucoup plus près de terre par les violentes tempêtes qui sévirent en automne. Par intervalles, des gémissements et des craquements dans la carcasse du navire annonçaient qu'il ne laissait pas d'être sensible à ce déplacement.

Mais jusqu'à présent le *Véga* n'en a pas souffert d'une manière notable, non plus que du froid rigoureux de l'hiver, pendant la première partie duquel des détonations nous apprenaient de temps à autre que de vieilles fentes s'étaient élargies par la congélation de l'eau qui y avait trouvé passage.

Notre hivernage est situé par 67° 7′ lat. N. et 173°$\frac{1}{3}$ long. O. de Greenwich, sur la côte asiatique de la partie septentrionale du détroit de Bering.

Le pays voisin forme une vaste plaine faiblement ondulée, bornée au S. par des monticules éloignés qui s'élèvent lentement pour atteindre dans l'intérieur, au dire des indigènes, une hauteur considérable. La plaine est occupée en grande partie par de vastes lagunes, séparées de la mer par des dunes peu considérables qu'amoncèlent la glace et les flots.

A notre arrivée, le sol était couvert de givre et gelé mais sans neige, de sorte que nos botanistes purent se former une idée de la flore jusque-là inconnue de cette région. Tout près du rivage, ils rencontrèrent des couches serrées d'*Elymus*, entrelacées de tapis de *Halianthus peploides*, au-delà desquelles ne s'étendait qu'un maigre gravier couvert seulement d'un lichen noir et lamelleux, *Gyrophora proboscidea*, et d'un petit nombre de fleurs, parmi lesquelles l'*Armeria sibirica* était la plus commune. Au sud de cet endroit, on arrivait à une région remplie de lagunes, dont les bords étaient ornés d'une luxuriante végétation d'herbes et de laîches. Mais ce n'est que sur le plateau environnant que la flore offrait plus de variété, grâce à des couches délitées de gneiss et de dolérite qui fournissaient un sol plus riche que les dunes arides; on y rencontrait des buissons d'osier, de vastes tapis d'*Empetrum nigrum*, d'*Andromeda tetragona* et de grandes mottes d'une espèce d'*Artemisia*. L'été voit croître dans ces lieux, à en juger par les vestiges séchés et gelés que le Dr Kjellman recueillit pendant l'automne, une foule bigarrée de plantes communes en Suède, telles que les airelles rouges, les ronces faux-mûrier, le *Taraxacum officinale*, et d'autres qui sont particulières aux régions du haut Nord.

Sur les isthmes de sable peu attrayants qui séparent les lagunes de la mer se trouvent deux villages tchouktches. Le plus voisin de l'hivernage du *Véga* s'appelait *Pitlekaï* et se composait originairement de sept tentes, mais le manque de nourriture obligea les habitants à les quitter les unes après les autres dans le courant de l'hiver — les dernières en Février — pour se rendre dans une région plus riche en poisson qui avoisine le détroit de Bering. En déménageant, les habitants n'emportèrent que le strict nécessaire, parce qu'ils avaient l'intention de revenir dans la saison où la chasse redevient abondante.

L'autre village, *Yinretlen*, était situé tout près du promontoire qui s'avance vers la baie de Kolioutchine et comptait à notre arrivée sept tentes également, mais les habitants semblaient être plus à leur aise que ceux de Pitlekaï; ils avaient aussi fait meilleure chasse («fångst») pendant l'été et avait amassé plus de provisions. Aussi n'y en eut-il qu'un petit nombre qui déménagèrent pendant l'hiver.

D'autres campements se trouvaient à une plus grande distance de notre mouillage, mais assez près cependant pour que nous reçussions souvent la visite de leurs habitants. Ce sont:

Pidline, sur le rivage oriental de la baie de Kolioutchine, 4 tentes;

Kolioutchine, sur l'île de même nom, 25 tentes;

Ryraïtinop, situé à 6 kilomètres à l'Est de Pitlekaï, 3 tentes;

Irgounnouk, à 7 kilomètres à l'E. de Pitlekaï, 10 tentes, dont il ne resta cependant que 4 en Février; les habitants des 6 autres avaient cherché un endroit plus propice à la chasse un peu plus à l'E.

Le nombre de personnes appartenant à chaque tente est difficile à déterminer, parce que les Tchouktches se plaisent à demeurer les uns chez les autres par amour de la causerie et du commérage. Cependant on peut l'évaluer en moyenne à cinq ou six. Y compris les habitants de l'île de Kolioutchine, on peut donc fixer à deux cents environ le nombre des indigènes établis dans le voisinage de notre quartier d'hiver.

Au moment où nous fûmes enfermés, la glace voisine du rivage était trop faible pour porter un piéton; la difficulté de se rendre de terre à notre bâtiment avec les moyens dont disposaient les Tchouktches était donc bien grande. Aussi, dès que les indigènes nous eurent aperçus, leur surprise ne connut-elle pas de bornes. Nous vîmes hommes, femmes, enfants et chiens aller et venir sur la plage avec une animation insolite. Ils craignaient évidemment de perdre cette magnifique occasion de se procurer du tabac et de l'eau-de-vie en échange de produits indigènes. Plusieurs fois ils essayèrent de mettre à l'eau leurs embarcations, mais ce fut sans succès; à la fin, ils réussirent à traîner un bateau dans un chenal libre de glace ou couvert d'une couche très-mince et à venir ainsi jusque tout près du navire. Là, ils sortirent une espèce de grande pirogue en peau qui fut bientôt bondée d'hommes et de femmes et avança à la rame jusqu'au *Véga*, sans paraître se soucier du danger évident qu'ils couraient à se lancer ainsi avec une embarcation de peau si surchargée à travers une glace récemment formée.

Cette première entrevue fut très cordiale des deux côtés et forma le commencement de relations particulièrement agréables entre les Tchouktches et nous qui sont restées les mêmes durant tout le temps de notre séjour en cet endroit. Il faut du reste que le bruit de notre arrivée se soit répandu très rapidement, car nous reçumes bientôt des visites de villages éloignés, et le *Véga* finit par devenir une halte où tous ceux qui passaient en ces lieux aimaient à s'arrêter quelques heures avec leur attelage de chiens, afin de satisfaire leur curiosité et pour recevoir, en échange de bonnes paroles ou d'une marchandise de plus grande valeur, un repas chaud, un peu de tabac et quelquefois, si le temps était mauvais, un «ram» — c'est ainsi que les Tchouktches appellent un petit verre d'eau-de-vie. Tous nos hôtes pouvaient à leur gré aller et venir sur notre pont chargé d'une foule d'objets divers, mais nous n'eûmes jamais à nous plaindre de la perte de la moindre chose. L'honnêteté règne ici comme dans les tentes des Lapons nomades. Mais les indigènes nous importunèrent bientôt par leur mendicité sans retenue. Dans les échanges, ils ne reculaient pas non plus à retirer tout le profit possible de ce qu'ils regardaient assurément comme le manque d'expérience des Européens et il est certain qu'ils comptaient comme un mérite les petites fraudes qu'ils se permettaient à cet égard. C'est ainsi qu'ils cherchaient souvent à nous vendre deux fois le même objet, qu'ils étaient toujours prodigues de promesses sans jamais penser à les tenir, et qu'ils nous donnaient de faux renseignements sur les articles qu'ils voulaient nous vendre. Ils vinrent plusieurs fois par exemple nous offrir des renards après leur avoir enlevé la peau, la tête et les pieds, en s'imaginant les faire passer pour des lièvres et il était plaisant de voir leur étonnement de ce que nous découvrions immédiatement la supercherie.

Comme les Tchouktches ignorent complètement l'usage de l'argent et que nous étions pauvres en objets d'échange de leur goût, nous fûmes d'ailleurs obligés nous aussi de tenir en hausse une partie au moins de nos articles. Les marchandises ordinaires des pays polaires, les fourrures et la graisse, n'étaient jamais l'objet de nos transactions, à la grande surprise des indigènes. En revanche, nous acquîmes par troc une collection complète d'armes, de vêtements et d'ustensiles de ménage. Tous les achats de ce genre se firent exclusivement pour le compte de l'Expédition, et, en somme, il était absolument interdit de collectionner des objets d'histoire naturelle et d'ethnographie pour un autre compte.

Les Tchouktches, prenant goût à notre nourriture, se mirent à nous apporter journellement du bois flotté, des vertèbres et autres os de cétacés, afin de les troquer contre notre pain, surtout lorsque leur chasse vint à leur manquer.

Une voie de bois de cinq bûches mesurant 10 à 12 centimètres de diamètre et environ 1 m. 75 de long, s'achetait ordinairement alors pour deux ou trois biscuits de mer, c'est-à-dire à peu près 250 grammes de pain, une vertèbre de cétacé en coûtait autant, et le reste à l'avenant. Quelques indigènes finirent insensiblement par prendre l'habitude de se présenter tous les jours à bord pour y remplir, tout à leur aise naturellement, une sorte d'office de valet. Notre cuisinier devint leur patron, et en échange de leurs services il leur donnait la part du lion dans nos restes. Grâce à la grande quantité de vivres que nous distribuâmes dans le courant de l'hiver, de cette manière ou comme cadeau, nous pûmes contribuer pour une bonne part à atténuer la famine qui menaçait la population au milieu de cette rigoureuse saison.

Aucun des indigènes de notre voisinage n'était chrétien et nul d'entre eux ne parlait une langue européenne; tout au plus quelques-uns savaient-ils quelques mots d'anglais ou une formule de salutation en russe. Cette fâcheuse circonstance nous créa bien des embarras. En revanche, M. Nordqvist se mit à étudier leur langue et il le fit avec tant d'ardeur et de succès qu'au bout de quelques semaines il parvint à se faire assez bien comprendre. J'aime à croire qu'à notre retour il pourra publier, comme fruit de ces études, un vocabulaire étendu de cette langue peu connue, ainsi qu'une esquisse de ses formes et constructions grammaticales.

Lorsque le *Véga* fut emprisonné, la mer voisine de la côte était couverte, comme nous l'avons dit plus haut, d'une couche de glace de formation récente, trop mince pour supporter un piéton, mais assez épaisse pour empêcher une embarcation d'avancer. Au large il y avait, aussi loin que la vue pouvait s'étendre, des glaçons flottants très serrés que de la glace nouvelle avait si fortement reliés entre eux que même le puissant avant du *Véga* ne pouvait s'y frayer une route. Dès le 2 Octobre il fut possible de marcher, non sans précaution, sur la glace nouvelle voisine du navire et le 3 des Tchouktches vinrent à pied à bord. Toutefois, le 10, il y avait encore çà et là des endroits faibles entre le bâtiment et la terre, et une raie bleue à l'Est indiquait que la mer était encore ouverte de ce côte.

Pour voir ce qu'il en était de ce «nettoyage», le Dr Almqvist entreprit une course à pied sur la glace dans la direction du NE., en suivant la trace de Tchouktches qui étaient allés par là à la chasse du morse. Après une marche très pénible par suite de l'inégalité de la glace — il fit environ 20 kilomètres sur des glaçons flottants très serrés entre lesquels il ne se trouvait que de rares et petits champs couverts d'une glace récente — il revint à bord sans avoir atteint ces eaux ouvertes qui continuaient à sembler fort éloignées. Il était donc évident que le *Véga* était entouré d'une ceinture d'au moins 30 kilomètres de champs de glace flottante que le froid avait reliés, et mon espoir longtemps caressé de les voir encore nous livrer passage en automne n'avait dès lors plus guère chance de se réaliser.

L'épaisseur de la glace de formation récente fut mesurée de temps en temps par le lieutenant Brusewitz; en voici les résultats.

Épaisseur de la glace:

1878.	1er Décembre	56	centimètres.
1879.	1er Janvier	92	
	1er Février	108	
	15 »	120	
	1er Mars	123	
	1er Avril	127	

Dans le cours de l'hiver, des fentes ou crevasses d'une grande extension naquirent souvent dans cette puissante couche de glace. Elles coupaient en ligne droite les champs de glace nouvellement formée et de vieux et hauts blocs de glace échouée. Une des plus grandes crevasses se forma la nuit du 14 au 15 Décembre en travers de l'avant du *Véga*; elle était large de 60 à 90 centimètres et très longue. Ordinairement elles n'avaient quelques centimètres de largeur, mais elles ne laissaient pas de nous incommoder fort, parce que l'eau du flux s'y infiltrait jusqu'à la surface de la glace et détrempait la neige qui se trouvait au-dessous.

La formation de ces crevasses était due à deux causes. Ou bien elles provenaient de ce qu'un vent violent dérangeait la position de la glace, ou bien de ce que cette dernière se contractait par un grand froid. La fente est accompagnée d'une détonation plus ou moins violente et a lieu, à en juger par le nombre de ces détonations, plus souvent qu'on ne peut le remarquer à l'aspect de la glace couverte de neige. C'est pourquoi, lorsque le froid est rigoureux, on voit la couche de glace en apparence compacte se diviser en nombreux morceaux s'adaptant parfaitement les uns aux autres, mais tout-à-fait libres ou simplement reliés par la faible bande de glace qui se forme insensiblement sous la neige à la surface de l'eau infiltrée dans la crevasse. A part ces petites fentes, la glace ne fut pas ébranlée pendant tout l'hiver jusqu'à environ 6 kilomètres du rivage. Mais plus au large elle était continuellement en mouvement.

On trouve ici probablement toute l'année de ces endroits libres de glaces que les Russes appellent *polynia;* aussi pouvait-on presque toujours voir par un beau temps une ligne bleue à l'horizon annonçant l'eau du NO. à l'E. En quelques jours un vent du sud amena ce chenal si près du navire qu'on pouvait s'y rendre en quelques heures de marche. Il fourmillait alors de phoques, ce qui indique qu'il communiquait avec une mer toujours libre. C'est peut-être aussi au voisinage de cette mer que nous devons de n'avoir pas vu un seul trou de phoque dans les champs de glace entourant le navire.

Le 1er Janvier 1879, le lieutenant Bove accompagné du chasseur *(fångstman)* Jonsen, alla reconnaître ces eaux libres de glace. Voici ce qu'il me communique sur cette excursion:

«Je quittai le navire dans la matinée du 1er Janvier et arrivai à l'eau ouverte après 4 heures de marche uniforme. La neige profonde et désagrégée rendit la marche très pénible et trois rangées de «torosses» y contribuèrent aussi, principalement à cause des crevasses souvent couvertes de neige qui dans leur voisinage croisaient la couche de glace. Un de ces torosses s'élevait à 10 mètres. La dimension des blocs de glace qui se trouvaient là entassés les uns sur les autres montrait quelles forces violentes avaient été en jeu pour former ces torosses. Ces remparts de glace fournissent aujourd'hui un abri bien nécessaire au port d'hiver si peu sûr du Véga. A peu près à mi-chemin du navire aux eaux libres, la route était coupée de fentes allant de l'E. à l'O., ce qui prouvait que ces eaux se seraient étendues jusqu'à un kilomètre du navire, si la rude tempête de Décembre avait duré 12 heures de plus: un grave danger en serait résulté alors pour le navire.

»Le bord de glace baigné par ces eaux libres était à arête vive comme s'il eût été coupé par un énorme couteau et il était si solide qu'on pouvait y marcher tout le long comme sur le roc. Même du haut d'un hummock de 5 mètres d'élévation, on ne pouvait pas voir de bornes aux eaux libres vers le NE. et le N. Ce fait, ainsi que l'étendue des lignes d'eau dans cette direction, m'amènent à conclure que le chenal avait au moins 35 kilomètres de largeur. A l'E. il était borné par un rempart de glace courant au nord, qui, à 9 ou 10 kilomètres plus loin, semblait se recourber encore vers l'E. Peut-être se trouvait-il un autre vaste bassin plus oriental au delà de ce rempart.

»Au bord de la glace, la profondeur était de 12 brasses, la température de l'eau -2^0 C. L'eau coulait droit de la côte (du SSE.) avec une vitesse assez considérable. Comme cette côte s'avançait presque en ligne droite, le courant semble avoir été un effet de marée. La mer foisonnait en phoques, d'après Jonsen de phoques barbus *(Phoca barbata)* et de petits phoques (*Phoca hispida*). Nous ne vîmes ni ours de mer ni morse ni aucun oiseau».

Les Tchouktches s'attendaient à ce que les eaux se maintinssent ouvertes jusqu'en Janvier, mais ils furent déçus dans leur attente, et il en résulta pour eux une si grande pénurie de vivres et surtout d'huile de poisson que tous les habitants de Pitlekaï, le village le plus proche de notre quartier d'hiver, furent forcés d'émigrer à l'Est et que néanmoins le *Véga* dut distribuer tous les jours une quantité considérable de vivres pour venir en aide à leur disette.

Pendant le froid long et rigoureux du mois de Janvier — où la température descendit plusieurs fois au-dessous du point de congélation du mercure — la mer sembla complètement prise par les glaces jusqu'à une grande distance de la côte; mais dès le 7 Février nous eûmes des vents d'E. et du S. et le temps se radoucit. Le même jour, nous vîmes une faible raie d'eau à l'horizon au NE. et, du haut des éminences de la terre ferme, on aperçut des eaux libres qui, vers Irgounnouk, s'avançaient passablement près du rivage. A quelques kilomètres plus loin à l'E., le rivage même était libre de glace et nos marins qui montèrent sur des collines crurent remarquer une forte houle dans cette ligne bleue qui bornait l'horizon.

Il faut donc que les eaux libres en question aient eu une très grande étendue, et peut-être les indigènes avaient-ils raison de dire qu'elles s'avançaient jusqu'au détroit de Bering. Mais nous ne pouvions guère ajouter foi à leur assertion, depuis que nous avions eu l'imprudence de récompenser par de petits présents les pronostics favorables à notre prochaine délivrance.

Les Tchouktches firent alors un riche butin («fångst») et recommencèrent à vivre dans l'abondance sans se soucier de l'avenir. Nous vîmes par exemple 45 phoques petits (*Phoca hispida*) dans une seule tente, sans compter des monceaux de tranches de lard étalés le long des côtés. Les enfants qui avaient un peu perdu dans les dernières semaines, sinon en comparaison avec des Européens du moins avec des enfants tchouktches bien nourris, reprirent rapidement leur premier embonpoint et il en fut de même pour les adultes. Le pont du navire continua à servir de lieu de réunion à des foules d'hommes, de femmes et d'enfants. Un grand nombre d'entre eux y passait avec beaucoup d'entrain la plus grande partie du jour par un froid de —40° C. Bien qu'ils ne souffrissent plus de disette, ils étaient toujours extrêmement avides d'aliments européens et, pour en obtenir, ils se soumettaient à de menus travaux ou échangeaient contre du pain ou d'autres denrées les produits de leur propre industrie qu'ils croyaient recherchés par les étrangers. C'est ainsi que je me suis procuré, outre les objets ordinaires d'ethnographie, un grand nombre de dessins, de sculptures sur os et des modèles, d'une grande simplicité assurément, qui ne manquent pas de jeter quelque lumière sur l'état des arts de la reproduction et du goût chez un peuple qui appartient encore, on peut le dire, à l'âge de la pierre. En effet, les Tchouktches se servent encore de différents instruments en pierre. J'y ai porté particulièrement mon attention dans le désir d'avoir une base sûre pour juger les dessins paléolithiques qui ont éveillé tant de sensation parmi les savants dans ces dix dernières années. Je remettrai plus tard à notre Société d'Ethnographie et de Géographie un rapport détaillé, accompagné d'illustrations, sur les collections que nous avons rassemblées de cette façon et sur les us et coutumes du peuple polaire si remarquable à tant d'égards avec lequel nous nous sommes trouvés en relations.

En interrogeant les Tchouktches que leurs voyages amenaient de notre côté, le lieutenant Nordqvist a recueilli aussi des renseignements sur l'état des glaces entre la baie de Tchaoune et le détroit de Bering. Cette question étant extrêment importante même au point de vue purement pratique, je citerai textuellement le résultat de ses investigations.

«*Renseignements fournis par les Tchouktches sur l'état des glaces des côtes entre le cap Yakane et le détroit de Bering.*

1°. Un Tchouktche de Yakanenmitchikane, près du cap Yakane, dit que les eaux y sont ordinairement libres tout l'été.

2°. Un Tchouktche de Kinmankane, un peu à l'O. du cap Yakane, répète la même chose.

3°. Un Tchouktche de Yakane rapporte que la mer y est libre de glaces à la fin de Mai et au commencement de Juin; en revanche, elle n'y est jamais libre en hiver.

4°. *Tatane*, de Yakane, raconte que la mer y est libre à partir de la fin de Mai ou du commencement de Juin jusque dans la dernière partie de Septembre ou au commencement d'Octobre, alors que la glace se met à flotter vers la terre.

5°. *Rikkione*, de Vankarema, dit que la mer y est prise de glaces en hiver, mais libre en été.

6°. Un Tchouktche nomade [1]), *Rotchetlen*, qui demeure à environ 12 milles anglais de l'hivernage du *Véga*, rapporte que le golfe de Kolioutchine, nommé Pidline par les Tchouktches, est libre de glaces pendant tout l'été.

7°. *Ourtridline*, de Kolioutchine, dit qu'à cette île non plus que dans le golfe du même nom, il ne se trouve de glaces en été.

8°. *Ranaou*, de Yinretlen, dit aussi que la baie de Kolioutchine est toujours libre pendant l'été.

9°. *Ettouïe*, du village de Netteïe entre Irgounnouk et le détroit de Bering, raconte qu'à Netteïe la mer est libre de glaces en été, quel que soit le vent, et en hiver seulement par le vent du sud.

10°. *Vankatté*, de Netteïe, rapporte que la mer est libre dans le mois de Taoutinyadline, c'est-à-dire à la fin de Mai et au commencement de Juin, et qu'elle se recouvre de glaces dans le mois de Koutchkaou ou d'Octobre et Novembre.

11°. *Képliéplia*, du village d'Irgounnouk situé à cinq milles anglais de l'hivernage du *Véga* près de Pitlekaïe, dit qu'au large de ces villages il n'y a pas de glaces pendant les étés, sauf lorsque règne le vent du N.; en revanche, il assure que de terre, un peu à

---

[1]) Nous désignons ainsi le *rentschuktsch*, c'est-à-dire celui se livre à l'élève des rennes. — *N. du Tr.*

l'O., c'est-à-dire près de Irkaïpiye, on peut presque toujours voir de la glace.

12°. *Kapatlyine*, de Kenghitchkoune, village situé entre Irgounnouk et le détroit de Bering, rapporte le 11 Janvier que les eaux étaient libres près de ce village et ajoute qu'en hiver le détroit de Bering est toujours obstrué de glaces par le vent du Sud et libre par celui du N.

Le même jour, un Tchouktche de Netteïe-Kenghitchkoune situé également entre Irgounnouk et le détroit de Bering, rapporte qu'il y avait de la glace au large de ce village; il confirme le dire de Kapatlyine au sujet du détroit de Bering.

13°. *Kvano*, de Ouèdlièou près du détroit de Bering, dit que la mer y est toujours libre de glaces depuis le mois de Mai jusqu'en Septembre inclusivement.»

Le 6 Octobre au matin, nous reçumes la visite du starosta[1]) des Tchouktches nomades, *Vassili Menka;* c'était un homme de petite taille, au teint basané, à l'air assez épuisé, vêtu d'une belle *pesque* [2]) de renne blanc qui laissait voir une chemise de flanelle bleue. Pour nous inspirer de prime abord du respect et peut-être aussi pour ne pas exposer sa vie précieuse aux embûches du traître Neptune, il se fit amener à notre navire dans un traîneau tiré, non par des chiens mais par ses subordonnés, sur la glace qui n'était pas en-

[1]) Ce mot, qui désigne le principal personnage du village russe, l'*alderman* de la commune, s'applique ici au chef du campement tchouktche, préposé à des fonctions analogues par le gouvernement. — *N. du Tr.*

[2]) Pelisse d'hiver. — *Id.*

core bien sûre. Dès son arrivée, il nous exhiba un diplôme attestant sa dignité et différents récépissés d'impôts (ou contributions de foire?) consistant en un petit nombre de peaux de renards rouges, estimées à 1 rouble 80 kopék, et quelques blanches évaluées à 40 kopék pièce.

Il ne savait ni lire ni écrire et son russe était extrêmement défectueux et difficile à saisir; par contre il put très vite comprendre la carte qu'on lui montra et marquer avec une grande assurance une foule d'endroits remarquables de la Sibérie du NE. Ce premier fonctionnaire de l'endroit n'avait aucune idée de l'existence de l'Empereur de Russie, mais en revanche il savait qu'une personne très puissante résidait à Irkoutsk. A la vue des photographies et des gravures de la chambre, il fit d'abord le signe de la croix avec beaucoup de dévotion, mais cessa bientôt en voyant que nous ne faisions pas de même. Menka était accompagné de deux indigènes pauvrement mis, avec des yeux très obliques qui semblaient tout dévoués au chef.

Dès que nos visiteurs furent à bord, ces derniers nous remirent avec une certaine solennité deux quartiers de renne que Menka nous présentait pour nous souhaiter la bienvenue; en retour je lui donnai un gilet de laine et quelques paquets de tabac. Menka me dit qu'il allait partir dans quelques jours pour Markova, endroit habité par les Russes sur les bords du fleuve Anadyr dans le voisinage de l'ancienne Anadyrsk. Quoique je n'eusse pas encore renoncé à l'espoir d'être délivré avant l'automne, je voulus essayer de profiter de l'occasion pour envoyer en Suède des nouvelles de la situation du Véga, de notre état à bord, etc. Nous fîmes donc en russe une circulaire adressée à S. Exc. le Gouverneur général d'Irkoutsk, en le priant de vouloir bien en communiquer le contenu à S. M. le Roi Oscar.

Cette lettre fut placée avec quelques autres de nature particulière et cachetées entre deux planchettes et confiée à Menka en lui enjoignant de les remettre aux autorités russes de Markova. J'ai lieu de croire à présent qu'elles sont arrivées à destination. Tout d'abord Menka parut considérer son message comme une espèce de plein pouvoir étendu en sa faveur. En effet, quand il revint à terre, il rassembla, en présence de quelques-uns d'entre nous, un cercle de Tchouktches au milieu desquels il prit place avec dignité, déploya le papier, mais de manière à le tenir en sens inverse, et en lut de longues tirades en tchouktche à ses subordonnés qui l'écoutaient avec recueillement, émerveillés de sa science. Le lendemain dans la matinée, nous eûmes encore la visite du grand et savant chef, de nouveaux présents furent échangés. Il fut traité aussi bien que le permettait notre cuisine et finit par danser au son de notre orgue de Barbarie, tout seul ou avec quelques-uns de ses hôtes, à la grande joie des spectateurs européens et asiatiques.

Comme l'état de la glace ne se modifiait pas, je ne voulus pas négliger l'occasion qui se présenta alors d'acquérir quelques connaissances sur l'intérieur du pays. Aussi donnai-je avec plaisir aux lieutenants

Nordqvist et Hovgaard l'autorisation d'accompagner Menka à sa tente. Il partirent donc le 8 Octobre dans la matinée et voici ce qu'ils racontent de cette visite.

«Le mardi 8 Octobre à 10 heures du matin, dit M. Nordqvist, le lieutenant Hovgaard, le chef Tchouktche Menka et moi nous partîmes de Pitlekaïe en traîneaux attelés de chiens dans la direction SSE. vers l'intérieur du pays. M. Hovgaard et moi, nous avions chacun un Tchouktche pour cocher. Menka avait avec lui un serviteur qui courut presque tout le temps devant lui comme guide. Le traîneau de mon compagnon, qui était le plus lourd, était attelé de dix chiens, le mien de huit et celui de Menka de cinq: c'était le plus petit et le chef y était seul. En général, les Tchouktches paraissent compter quatre ou cinq chiens pour un traîneau d'une personne.

»La toundra, criblée de marais et de cours d'eau, n'était que faiblement coupée dans la première partie de notre voyage, mais plus nous avançâmes, plus elle devint inégale et, lorsque lendemain matin à 8 heures nous arrivâmes au but de notre excursion — le campement du frère de Menka —, nous nous trouvâmes dans une vallée entourée de montagnes dont quelques-unes s'élevaient à environ trois cents mètres. La mince couche de neige qui recouvrait le sol permettait encore de distinguer une partie de la végétation de la toundra. Les plantes les plus communes dans les endroits secs étaient l'*Aira alpina* et la *Poa alpina*, dans les lieux plus bas croissaient la *Glyceria*, le *Pedicularis* et le *Ledum palustre;* partout on trouvait la *Petasites frigida* et une espèce de *Salix*. Celle-ci se montrait en particulier sur les coteaux en grandes touffes qui couvraient des endroits de plusieurs ares. Çà et là, ces buissons atteignaient la hauteur d'un mètre et même davantage. Le granit paraissait être la roche dominante. Le fond de la vallée était composé de formations post-tertiaires, consistant souvent en sable et en pierres erratiques, comme c'était le cas par exemple dans la grande vallée où le frère de Menka avait dressé sa tente.

»Quand nous arrivâmes à son campement dans la matinée du 9, nous fûmes reçus par quelques-uns des principaux d'entre les Tchouktches. Ils saluèrent Menka à la manière russe, c'est-à-dire en s'embrassant d'abord sur chaque joue et ensuite sur la bouche. Ils avaient pourtant l'air très embarrassé en procédant à cette cérémonie et n'effleuraient guère les lèvres. Pour nous, ils nous saluèrent comme d'ordinaire en nous tendant la main et en s'inclinant. Puis nous entrâmes dans la tente du frère de Menka, devant laquelle s'assembla bientôt toute la population de l'endroit pour nous contempler. Ce campement se composait de dix-huit tentes dressées des deux côtés d'une rivière traversant la vallée. Les tentes étaient habitées par des Tchouktches se livrant à l'élève des rennes et faisant le commerce d'échange avec les Russes de Kolyma et une peuplade qui demeure de l'autre côté du détroit de Bering, nommée par eux Yégargaoules. Entre les tentes on apercevait une quantité de traîneaux vides et d'autres chargés, destinés aux voyages; ils étaient bas et légers, avec des patins relevés en avant et en arrière. D'autres plus lourds servaient au transport des marchandises et étaient construits en bois grossier sans avoir de courbure en arrière. Une partie des traîneaux légers étaient munis de soufflets en bardeaux par-dessus desquels ils étaient couverts de peaux de renne; d'autres enfin étaient complètement fermés avec une seule ouverture ménagée en avant.

»Les couteaux, haches, forets, que je vis étaient de fer et d'acier et avaient évidemment été fournis par des Américains ou des Russes. Les ustensiles de ménage dans la tente du frère de Menka se composaient de bouilloires ordinaires en cuivre, d'un gobelet en alphénide portant une inscription anglaise, quelques tasses avec soucoupe, des espèces d'auges plates et des boisseaux. Le vêtement de ces Tchouktches nomades est semblable à celui des Tchouktches du littoral, sauf que les premiers emploient exclusivement la peau de renne, tandis que ces derniers se servent aussi de la peau de phoque. A notre arrivée, quelques-uns se revêtirent de blouses d'étoffe bigarée, probablement de confection russe. Parmi les ornements, il faut nommer les perles de verre, enfilées sur des tendons et portées surtout par les femmes aux oreilles et autour du cou. Les femmes étaient tatouées de la même manière que chez les Tchouktches de la côte. Cependant j'en vis ici une vieille qui, outre le tatouage ordinaire portait sur le revers des mains deux lignes parallèles longitudinales reliées par une transversale. Les hommes n'étaient pas tatoués. L'un deux portait au cou une croix munie d'inscriptions en slavon, tandis que d'autres portaient de la même manière des morceaux de bois à deux branches: j'ignore s'il faut regarder cela comme des idoles ou comme une amulette.

»Comme nous ne pouvions obtenir les rennes que nous devions acheter pour le compte de l'Expédition, nous nous rendîmes avec des chiens, dans l'après midi du même jour, en compagnie de Menka jusqu'au campement de son gendre où nous arrivâmes à huit heures du soir. Nous y fûmes bien accueillis et nous y passâmes la nuit.

»Tous les habitants d'une même tente dorment dans la chambre à coucher, qui n'a guère plus de 2^m, 50 de long, 2 à 2^m, 20 de large et 1^m, 30 à 1^m, 50 de haut. Avant de se coucher, ils prennent leur repas du soir; puis hommes et femmes complètement déshabillés dorment avec un «cingulum pudicitiæ» d'environ 15 centimètres de large. Le matin, notre hôtesse se leva la première, fit bouillir de de la viande qu'elle apporta ensuite dans la chambre à coucher, avant que les habitants fussent habillés. Là elle découpa cette viande dans une espèce d'auge en bois et leur en servit des tranches aux uns et aux autres.

»Dans la matinée, nous vîmes comment les Tchouktches prennent leurs rennes pour les tuer. Deux hommes entrent au milieu du troupeau; lorsqu'ils ont distingué l'animal qu'ils veulent avoir, ils s'en approchent à une distance de 6 à 10 mètres et lui jettent un lazzo autour des cornes. L'animal se précipite en avant et en arrière pour échapper et entraîne quelques instants avec lui celui qui tient le nœud coulant. L'autre homme essaie pendant ce temps-là de s'approcher du renne, le saisit par le bois, le jette par terre, puis l'abat en lui donnant un coup de couteau derrière la cuisse. Alors, on remet l'animal aux femmes, qui en retirent les intestins en pratiquant une incision dans les flancs. On vide l'intétérieur de l'estomac qui sert alors à conserver le sang. Enfin on écorche l'animal.

»Vers les 10 heures du matin, nous reprîmes le chemin du navire. A l'entrée de la nuit, nos conducteurs cherchèrent un asile dans une misérable tente dressée sur le bord du lac d'Outchounoutch. Elle était en partie enfoncée dans une des petites collines qui se trouvent le long de la rive et qui sont probablement des vestiges d'anciennes demeures onkilones. Les habitants actuels, deux hommes et une femme âgés, avaient disposé leur réduit de la manière suivante. Au milieu d'un enfoncement cylindrique d'un mètre de profondeur sur 4 à 5 de large se trouvait planté un pieu vertical; l'extrémité supérieure de ce poteau portait un foule de pieux transversaux partant du bord supérieur de la fosse sur lesquels on avait étendu des peaux. La pièce particulière aux tentes tchouktches, la chambre à coucher, ne faisait pas défaut. A part elle, toute cette habitation portait le cachet de la misère et de la malpropreté. Les habitants paraissaient vivre de la pêche, à en juger par le poisson qu'on nous servit et les filets qui étaient étendus au dehors. Les seuls objets que je pusse découvrir dans la tente étaient quelques vêtements, une marmite de fer, deux ou trois vaisseaux en bois et enfin un tambour de chamane [1]).

»Le lendemain nous poursuivîmes notre route. De l'autre côté du lac Outchounoutch, nous vîmes deux habitations qui se composaient simplement d'un bateau renversé sur lequel on avait étendu des peaux. Notre route passa ensuite par Naïtchkaï et Irgounnouk, où l'on nous fit un accueil des plus empressés. Le 11 Octobre à 7 heures un quart du soir, nous étions de retour à bord du *Véga*.»

Je citerai de plus, pour montrer comme les Tchouktches et leurs chiens savent endurer la fatigue, un extrait du rapport de M. Hovgaard, qui traite d'ailleurs de la topographie de la région parcourue.

«Pendant le voyage d'aller qui dura vingt et une heures et demie, l'esclave de Menka courut tout le temps en avant des traîneaux et, même lorsque nous faisions halte, il était en mouvement pour chercher la piste, soigner les chiens, etc. Lorsque nous arrivâmes au campement, il ne dormit pas et néanmoins il fut aussi alerte pendant le voyage du lendemain. Il ne fit pas usage de spiritueux, sur l'ordre exprès de Menka qui nous dit qu'autrement cet individu ne pourrait pas supporter la course. En revanche, il consomma une quantité prodigieuse de tabac en rouleaux. Les chiens ne furent pas dételés un seul instant. Le matin, nous les trouvâmes couchés et dormant devant les traîneaux, à moitié couverts de neige. Nous ne vîmes jamais les Tchouktches leur donner à manger.

---

[1]) Sorcier (prêtre et médecin) des peuplades de l'Asie septentrionale. — *N. du Tr.*

La seule chose qu'ils prissent, c'étaient des crottins gelés de renard et d'autres animaux quand ils réussissaient à en attraper au passage, et cependant on ne pouvait pas même le dernier jour remarquer en eux la moindre diminution de forces.»

Le 18 Octobre, alors que nous croyions que Menka était déjà arrivé à Markova, nous reçûmes une visite de lui et de son gendre. Il prétendit que n'ayant pas «d'eau de feu» pour le pope, il venait nous en demander en échange de trois rennes qu'il avait abattus. Notre déception au sujet de l'envoi de la lettre et mon peu de disposition à payer de cette façon — je lui offris en vain des demi-impériales et des roubles en argent au lieu d'eau-de-vie — firent qu'il reçut cette fois un accueil peu empressé. Aussi nous laissa-t-il bientôt. Ce ne fut que le 9 Février 1879 que nous eûmes de ses nouvelles. Son valet ou son serf vint ce jour-là à bord nous raconter qu'il était revenu de Markova en 10 jours, ce qui devait faire environ 90 kilomètres par jour. D'après son dire, Menka était parti avec nos lettres pour Yakoutsk: cette nouvelle nous remplit de joie. En effet, regardant à peu près comme certain qu'il était inutile de charger Menka de nos messages, j'avais employé toute l'éloquence que pouvaient exercer les trésors réunis à bord de notre navire en fait de fusils, poudre, balles, nourriture, belles chemises et même eau-de-vie, pour engager quelques indigènes à conduire MM. Nordqvist et Bove en traîneau jusqu'à Markova ou Nijni Kolymsk. Au commencement, ces négociations semblèrent devoir aboutir, des arrhes furent réclamées et accordées, mais au moment de se mettre en route, les Tchouktches refusaient toujours sous divers prétextes: tantôt il faisait trop froid, tantôt trop obscur ou bien encore les chiens n'avaient rien à manger. Ces négociations n'eurent donc pas d'autre résultat que de nous faire connaître un des rares côtés désagréables du caractère tchouktche, je veux dire le manque absolu de confiance que ces sauvages d'une nature d'ailleurs excellente inspirent dans les transactions et leur manière d'entendre l'usage de la parole exactement comme Talleyrand.

Ces négociations amenèrent de plus le lieutenant Nordqvist à entreprendre un voyage en traîneau, afin de morigéner un indigène qui avait reçu des arrhes pour le conduire à Markova sans jamais tenir sa promesse. M. Nordqvist raconte ainsi cette course.

«Le 5 Décembre à 8 heures du matin, je me rendis en traîneau attelé de chiens au village de Pidlin, situé près de la baie de Kolioutchine, pour aller voir un Tchouktche qui y demeurait, Tcheptcho, avec lequel j'étais convenu de partir pour Anadyrsk et lui demander quand il serait prêt. Je fus conduit par un Tchouktche nomade, Aouango, d'Irgounnouk, qui se trouve à l'E. de Pitlekaï. Il avait un petit traîneau léger aux patins munis de fanons de baleine, traîné par six chiens, dont l'un était attelé en tête des cinq autres attachés de front chacun à sa courroie devant le traîneau. Les chiens étaient faibles et mal soignés. Aussi coururent-ils si lentement que je ne puis évaluer leur vitesse à plus de 2 à 3 milles anglais à l'heure.

Le voyage d'aller, comme celui de retour, prit 8 à 9 heures, de sorte que la distance entre Pitlekaï et Pidlin doit être d'environ 25 milles anglais.

»Environ à deux heures de route à l'O. de Yintlen, la côte est haute de 10 à 12 mètres au-dessus du niveau de la mer et se nomme Petchanin. Là nous rencontrâmes un Tchouktche qui partait pour l'E., avec un grand traîneau bondé de peaux de rennes, pour aller les vendre en échange d'autres marchandises. A peu près à moitié chemin entre Yintlen et Pidlin se trouve Maïngatir. La mer entre Yintlen et ce dernier endroit est bornée par une bande de sable large de quelques brasses au-delà de laquelle s'élève un escarpement d'environ 6 à 12 mètres: c'est la limite septentrionale de la toundra qui s'étend dans l'intérieur du pays. De petits vallons viennent couper cet exhaussement du sol à des intervalles assez rapprochés. A l'O. de Maïngatir jusqu'au cap Tchéaoutaou, situé à environ quatre milles anglais de là, la côte conserve le même caractère, mais est sensiblement plus basse. A partir de Tchéaoutaou, notre route passa par la toundra à quelque distance de la côte. Un grand étang dont nous suivîmes le bord pendant une demi-heure et d'autres plus petits furent passés pendant le reste du voyage. Ces étangs n'ont au dire de mon conducteur que quelques pieds de profondeur. Le pays s'appelle Kynmanka. Au S., je vis une chaîne de montagues s'étendre -- autant que j'en pouvais juger à distance — dans la direction du NE. au SO.

»Le village de Pidlin se composait de quatre tentes dressées sur la rive orientale de la baie de Kolioutchine. Le nombre des habitants ne dépassait guère vingt. Pidlin et l'île de Kolioutchine sont les seuls endroits habités de cette baie. Je fus reçu devant les tentes par la population du village et conduit à la tente de Tcheptchko. Ce dernier promit de partir avec moi pour Anadyrsk dans le courant de Février.

»Mon hôte avait une femme et trois enfants. Pour la nuit, les enfants se déshabillèrent complètement, tandis que les parents gardèrent des pantalons courts — le mari de peau tannée, la femme d'étoffe. Deux lampes d'huile de poisson y entretenaient toute la nuit une chaleur si étouffante qu'il serait difficile d'y dormir en conservant les fourrures de rennes qu'ils portent pendant le jour; mais ils se servent de ces peaux en guise de couvertures. A part cette chaleur, une odeur infecte régnait dans la chambre à coucher — où les Tchouktches ne se gênaient en rien — aussi me fut-il nécessaire d'aller plusieurs fois dehors pour respirer un air pur.

»Quand nous fûmes levés le lendemain, l'hôtesse nous servit à déjeuner dans une auge plate: c'était de la viande et du lard de phoque avec une espèce de choucroûte faite de feuilles de *Salix* fermentées, puis du foie et du sang de phoque, le tout gelé.

»Parmi les objets d'un intérêt ethnographique, outre le tambour magique qui se rencontre dans toutes les tentes et qui n'était pas regardé ici avec la même superstition qu'ailleurs, je vis un faisceau d'amulettes fixées à une mince courroie et un crâne de loup également attaché à une courroie. Les amulettes se composaient d'une fourche de bois, longue de quelques centimètres et semblable à celles que les Tchouktches portent sur la poitrine, puis d'une fourrure et tout le cartilage d'un museau de loup et enfin d'une pierre plate. Mon hôte m'assura qu'en portant cela au cou on est préservé de maladies. Il reprit le crâne de loup, dont j'avais déjà fait l'acquisition, parce que, disait-il, son fils, âgé de 4 ou 5 ans, en aurait besoin pour se choisir une femme; je ne parvins pas à savoir quel rôle le crâne jouait dans cette circonstance.

»Pendant que mon homme attelait les chiens pour me ramener au *Véga,* j'eus l'occasion de voir danser des petites filles, qui le firent de la même manière que celles que j'ai vues à Pitlekaïe et à Yintlen: deux d'entre elles placées en face ou à côté l'une de l'autre, se balancent successivement des deux côtés, sautent de temps en temps à pieds joints en avant et font une pirouette sur elles-mêmes, tout en marquant la mesure de leurs chants ou plutôt de leurs grognements.

»Nous reprîmes le chemin du *Véga* à 8 heures du matin. Pendant la route, mon conducteur se mit à fredonner des chansons tchouktches. Ce ne sont souvent que des imitations de cris d'animaux ou des improvisations sans mètre ni rhytme fixes avec fort peu de tons variés; une ou deux fois seulement j'ai cru pouvoir distinguer une mélodie marquée. Le soir, mon homme me dit le nom tchouktche de plusieurs étoiles. A 5 heures et quart, j'avais regagné notre hivernage.»

A ce propos et pour compléter la description de notre vie cet hiver et de nos rapports avec les indigènes, je citerai encore les relations suivantes de quelques autres excursions qui, ainsi qu'un plus grand nombre de moindre durée, ont été faites dans le cours de l'hiver. Voici comment le lieutenant Brusewitz décrit la course qu'il a entreprise le 17 Février 1879.

«Je me rendis avec le Tchouktche Notti à Nasskaï. Nous quittâmes le *Véga* dans l'après-midi et arrivâmes au bout de deux heures de marche à Ratinoup, demeure de Notti, où je passai la nuit. Nous fûmes reçus par les trois jeunes frères de Notti et une sœur malade, qui habitaient tous la même tente. Dès notre arrivée, un des frères se mit à apprêter les harnais des chiens et le traîneau pour le voyage du lendemain, tandis que nous entrâmes dans l'intérieur de la tente où était couchée la malade, complètement déshabillée, mais enveloppée de fourrures de rennes. Elle surveillait deux lampes d'huile de poisson au-dessus desquelles étaient suspendues deux espèces de marmites: l'une était une ancienne boîte de conserves et l'autre ressemblait assez à un seau de fer blanc.

»A notre entrée, Notti ôta ses chaussures et son bonnet. Un des frères arriva avec une sorte d'auge où était servi un morceau de lard de phoque avec des légumes gelés se composant principalement de feuilles de saule. Le lard fut coupé en dés d'un pouce; puis un des frères donna à sa sœur une bonne portion de lard et de verdure avant que les autres fussent servis. Chaque dé de lard fut soigneusement enveloppé de légumes avant d'être porté à la bouche. Lorsqu'il ne resta plus que du lard, on le donna aux chiens, qui étaient couchés dans la tente extérieure. Puis on mangea un entre-côtes de phoque et enfin une espèce de soupe probablement au sang de phoque. La sœur reçut aussi en premier et à part de tous ces plats. A chaque mets on m'invitait à en prendre, mais je déclinais cette offre sans que personne parût s'en formaliser. Le repas achevé, on enleva les plats, on ôta ses chaussures et on retira plusieurs peaux de rennes du toit pour les étendre sur le sol à côté des autres. Les aînés allumèrent leurs pipes, les plus jeunes se couchèrent. Pendant la nuit, la fille poussa des gémissements à plusieurs reprises et chaque fois l'un des frères se leva pour la soigner.

»A six heures du matin, je réveillai la compagnie et leur rappelai notre voyage. Tous se levèrent à l'instant. On n'apporta pas à manger, mais tout le monde eut l'air bien content quand j'offris de nos provisions qui se composaient de pain et de biftecks conservés. Immédiatement après ce déjeuner, quatre chiens furent attelés à un traîneau, puis Notti et moi nous continuâmes notre route vers Nasskaï, moi assis, lui courant à côté. A Irgounnouk, village tchouktche situé à un mille anglais à l'E. de Ratinoup, nous fîmes une petite halte pour essayer de louer quelques chiens de plus, mais ce fut en vain. Nous reprîmes notre route de long du rivage et arrivâmes à dix heures du matin à Nasskaï, qui se trouve à 8 ou 10 milles à l'ESE. d'Irgounnouk.

»Là nous fûmes accueillis par la plupart des anciens habitants de Pitlekaï, qui avaient dressé leurs tentes dans cet endroit propre à la pêche. Le village se compose de treize tentes. Cinq des plus occiden- étaient habitées par l'ancienne population de Pitlekaï, et les huit orientales par d'autres Tchouktches. Les habitants de Pitlekaï n'avaient pas planté leurs grandes tentes ordinaires, mais d'autres de dimension moindre ou moins solidement assujetties. Dans toutes les tentes, ici comme à Ratinoup et à Irgounnouk, nous trouvâmes de grands étalages de lard de phoque et sur le devant on voyait des quartiers de phoque ou même des animaux entiers entassés et couverts de neige. En venant à Nasskaï nous avions rencontré plusieurs traîneaux en route pour Pidlin et chargés de phoques. A Nasskaï, j'allai à la chasse en compagnie d'un Tchouktche. Nous levâmes huit lièvres, mais nous ne réussîmes pas à venir à portée de fusil. Nous vîmes un renard (roux) courir à une très grande distance. A deux heures de l'après-midi, je revins à Irgounnouk où je pus avoir un autre traîneau attelé de dix chiens qui me ramenèrent bientôt au navire.»

Voici comment le lieutenant Palander décrit l'excursion qu'il fit à un campement de Tchouktches nomades, situé près de la montagne de Taffel au SO. de Pitlekaï.

«Le 17 Mars 1879, je partis avec le Dr Kjellman dans un traîneau avec cinq hommes, dont un indigène comme guide, et me rendis à un campement de Tchouktches nomades établi dans le voisinage du mont Taffel, afin d'y aller chercher, si possible, de la viande fraîche de renne. L'expédition était pourvue de provisions pour deux jours, de tentes, de matelas et de pesques.

»Nous rencontrâmes des Tchouktches nomades à 11 milles anglais du navire. Là, sur une hauteur, se trouvaient deux tentes, dont l'une était déserte pour le moment. L'autre était habitée par un indigène, Rotchetlen, sa jeune femme et un autre jeune couple en visite chez eux, si j'ai bien compris, et habitant Irgounnouk.

»Les tentes étaient beaucoup plus petites que celles que nous voyions tous les jours sur la côte. A l'entour on remarquait un grand nombre de traîneaux entassés les uns sur les autres. Ces véhicules se distinguaient des traîneaux ordinaires en ce qu'ils étaient beaucoup plus grands et beaucoup plus larges. Les patins étaient grossièrennent taillés à la hache.

»On refusa immédiatement notre demande d'acheter du renne, bien qu'en échange nous leur offrissions du rhum, du tabac, du pain et même un fusil. Ils alléguèrent pour raison de leur refus que, dans cette saison, les rennes sont trop maigres pour être abattus.

»A quelques milliers de pas de nous se trouvait une hauteur où nous vîmes paître une cinquantaine de rennes.

»La· principale occupation des femmes pendant la journée semblait être de s'arranger mutuellement la chevelure. Celle qui remplissait alors l'office de femme de chambre, cherchait avec les doigts les parasites qui se trouvaient, et non en petit nombre, dans les cheveux de l'autre. Elle les tuait adroitement en portant les doigts à la bouche, où ils étaient écrasés entre les dents.

»L'après-midi, M. Kjellman et moi nous fûmes invités sous la tente, où nous passâmes une heure dans la chambre à coucher. A notre entrée, la lampe fut allumée; elle était pleine d'huile de poisson et comme mèche on employait du *Sphagnum*. L'hôtesse chercha de toutes les façons à rendre notre séjour sous la tente aussi agréable que possible, elle roula des peaux de rennes pour nous en faire des oreillers et nous fit assez de place pour que nous pussions nous étendre tout à fait et jouir d'un repos bien gagné.

»Dans la partie extérieure de la tente, l'autre femme apprêta le souper, composé de phoque bouilli. On nous invita amicalement à partager ce repas, mais comme nous n'avions pas de goût pour ce genre de mets, nous déclinâmes cette offre sous prétexte que nous sortions de dîner. Les indigènes prirent leur repas, couchés de façon que leurs corps s'étendaient dans le compartiment intérieur, tandis que la tête s'avançait sous les peaux de rennes jusque dans l'autre pièce où se trouvait le plat. Le souper achevé, les têtes se retirèrent en deça des fourrures. L'hôte se déshabilla complètement, sauf les pantalons qu'il garda. L'hôtesse enleva son pesque de manière à laisser à découvert tout le haut du corps. Les bottes en fourrures de rennes furent ôtées et retournées à l'envers, bien essuyées et suspendues au plafond au-dessus de la lampe pour sécher pendant la nuit. Nous offrîmes du sucre aux femmes et comme elles ne savaient absolument pas ce que c'était, elles commencèrent par l'examiner avec une certaine circonspection, mais elles le trouvèrent bientôt d'un goût excellent. Après le repas, nos hôtes parurent avoir bien sommeil, aussi leur dîmes-nous bonne nuit pour aller dans notre propre tente, qui n'était rien moins que chaude. Il y fit toute la nuit environ —11° degrés centigrades.

»Après une nuit en grande partie blanche, nous fûmes tirés de notre sommeil à six heures et demie; lorsque nous sortîmes de la tente, tous les rennes s'approchèrent en troupe serrée. Un vieux renne au haut bois, marchant en tête, vint au-devant de son maître qui s'avançait à sa rencontre, se mit à promener son museau sur les mains de celui-ci comme pour lui souhaiter le bonjour. Les autres rennes restèrent en rang tout comme l'équipage à ses divisions à bord d'un vaisseau de ligne. Le propriétaire alla ensuite saluer successivement tous les rennes qui lui frottèrent également les mains de leur museau. De son côté, il saisit les rennes par les cornes et les examima avec beaucoup d'attention. Après cette inspection et à un signal donné par le maître, tout le troupeau fit volte-face et se rendit en rangs serrés, le vieux toujours en tête, au pâturage du jour précédent.

»Tout cela produisit sur nous une bonne impression; ce n'était pas là le sauvage cruel qui affirme d'une manière brutale et barbare son pouvoir sur les animaux, mais un bon maître qui traitait ses inférieurs avec bonté et avait une bonne parole pour chacun d'eux. Le maître et les animaux étaient dans d'excellents rapports. Le propriétaire du troupeau était lui-même un grand et beau jeune homme à l'air intelligent et au corps souple, bien fait. Ses vêtements d'une coupe extrêmement agréable et de peau de renne d'une rare beauté, lui prenaient bien le corps et nous permirent d'admirer son maintien gracieux autant que fier, qui faisait le meilleur effet lorsqu'il se mouvait.

»Notre demande réitérée d'échanger du renne ne fut pas mieux agréée que la veille; c'est pourquoi nous repliâmes notre tente et reprîmes le chemin du *Véga*. Nous revînmes à bord le 18 Mars à trois heures de l'après-midi, après une marche de quatre heures trois quarts.

»La route que nous avons parcourue s'élevait et s'abaissait lentement. La neige était dure et égale, de sorte que notre course put se faire rapidement. En revenant, nous vîmes quatre renards et des corbeaux. Dans un endroit nous trouvâmes une quantité de tanières de lemmings, creusées en biais dans la neige vers l'intérieur du sol. La plupart avaient déjà été fouillés par les renards. L'orifice d'un nid resté intact avait la forme d'un cylindre de 45 millimètres de diamètre. Pendant les deux jours de notre voyage, nous eûmes de la neige et un air embrumé, de sorte que nous ne pûmes voir qu'à une petite distance devant nous; mais nous ne nous égarâmes pas un instant, grâce aux bons yeux et à l'excellente mémoire locale de notre guide indigène.»

A part ces excursions et d'autres du même genre, les changements qu'amenaient notre contact avec les indigènes et des chasses aux lièvres et aux lagopèdes — très rarement heureuses — nous n'avons pas aperçu d'ours et j'ai évité autant que possible d'empiéter sur la chasse que les indigènes font aux phoques — à part cela, dis-je, il n'est guère arrivé de choses dignes de remarque pendant les six mois qu'embrasse ce rapport. Il ne me reste donc qu'à dire quelques mots qui pourront rendre service aux Expéditions arctiques futures sur les parties de notre armement d'hiver qui se sont montrées propres à leur but et à donner enfin un aperçu de l'ordre de nos travaux scientifiques dans le courant de l'hiver.

Les observations météorologiques font voir que l'hiver n'a pas été particulièrement froid en comparaison avec ceux de l'Archipel de Franklin ou des régions les plus froides de la Sibérie continentale. En revanche, il a été extrêmement tempêtueux à l'hivernage du *Véga* et c'est par un vent fort et un froid de — 30° à — 46° centigrades que nous avons dû tous les jours et toutes les nuits aller à l'observatoire établi à un kilomètre et demi du navire. Par un temps calme, un froid de — 40 à — 50° n'est pas trop sensible, mais par une faible brise un degré de froid comme par exemple —35° est positivement dangereux pour celui qui, marchant contre le vent et sans prendre les précautions nécessaires, expose à l'air les parties découvertes du visage, des mains ou des poignets. Sans être averti par une douleur brusque, on gagne une engelure qui, si elle n'est pas combattue à temps en frottant la partie endommagée avec la main ou de la neige fondante, peut vite prendre un caractère très grave. La plupart d'entre ceux qui prenaient part pour la première fois à un hivernage dans le haut

Nord eurent à plusieurs reprises des engelures plus ou moins graves à l'arrivée des premiers froids et en plusieurs occasions ils eurent des engelures remplies de sérosités et de plusieurs centimètres carrés; mais heureusement nous n'avons pas eu à déplorer de suites d'une nature plus fâcheuse. Après que tout le monde averti par l'expérience fut devenu plus prudent, ces cas d'engelures se présentèrent rarement.

Personne n'eut à se plaindre d'engelures aux pieds, grâce à nos chaussures des plus appropriées aux rigueurs de ce climat. Elles consistaient en de chaudes bottes de toile à voile avec des semelles de cuir. Au fond de ces bottes nous mettions de la laîche (*Carex vesicaria*). Le pied même était chaussé d'une ou deux paires de bas ordinaires par-dessus lesquels nous portions des chaussons de feutre. Notre chaussure tenait donc le milieu entre celle que Parry a introduite pour les voyages arctiques et le «komager» rempli de foin des Lapons. Tous ceux qui s'en sont servis s'accordent à dire qu'elle ne laissait rien à désirer. Elle est même bien à préférer aux bottes de cuir pour les longues marches dans la neige mouillée. En effet, les bottes ordinaires deviennent lourdes, se remplissent d'eau et peuvent difficilement se sécher à l'air libre pendant une halte d'*une* nuit, tandis que les bottes de toile à voile et le foin qui s'y trouve sèchent aisément dans ce même laps de temps. Elles sont légères, même lorsqu'elles sont trempées d'eau, et grâce à la ventilation que rend possible la semelle inférieure de foin, elles ne causent guère de préjudice à la santé. C'est pourquoi je crois pouvoir recommander chaudement ces sortes de chaussures pour les voyages et les chasses même en Suède. Pour garantir les mains, nous employions des gants de peau de phoque et de chamois, fourrés de mouton et bordés aux poignets d'une fourrure à long poil. Nous les portions ordinairement avec un ruban autour du cou comme les enfants portent leurs gants. Pour le travail à l'air libre, nous nous servions en outre de gants de laine légère sur la peau même. Pour le reste, nous portions des habits d'hiver comme en Suède, sauf que la laine s'y trouvait peut-être plus que de coutume. Il y avait pour tout le monde des pesques en fourrure de renne et des jambières de même peau (les «leggings» des Anglais), ainsi qu'un grand nombre de pelisses de toute sorte. Mais la plupart s'en servaient rarement, même par un froid de — 45 ° ou, ce qui est pis encore, par un vent fort avec une température de — 36 °. On préférait un ample vêtement en toile à voile porté par-dessus la vareuse ordinaire des marins. Pendant le mauvais temps, il protégeait parfaitement contre la neige et le vent. Le même service nous était rendu pour la tête par les bachlicks (capuchons) portés par-dessus le bonnet: nous en avions une provision suffisante venue de Saint-Pétersbourg.

Au moment où ces lignes s'écrivent, ils ne s'est présenté aucune maladie ayant des suites graves, ni trace de scorbut. Cet heureux état de choses dépend évidemment en premier lieu du bon esprit qui a animé les savants, les officiers et l'équipage de l'Expédition, mais il doit être attribué en grande partie à l'intelligence dont le lieutenant Palander a fait preuve dans l'armement et l'agencement du navire à Karlskrona et surtout à notre régime alimentaire conforme aux exigences du climat et établi en profitant de l'expérience faite par l'Expédition de 1872—73 et sur le conseil de son habile médecin, le Dr Envall. Nous l'indiquons plus loin. Outre ce qui y est mentionné, il fut servi deux fois par semaine, du 15 Février au 1er Avril, un gruau de baies de faux-mûrier mêlé de rhum. J'aurais volontiers fait servir une plus grande quantité de cet excellent préservatif contre le scorbut d'après l'expérience scandinave, mais comme la récolte de 1877 a complètement fait défaut, je n'ai pu à aucun prix en procurer la quantité nécessaire à l'Expédition. En revanche, nous achetâmes en Finlande une quantité considérable de jus de canneberge, qui fut régulièrement servi à l'équipage et consommé avec plaisir.

Pour nous garantir de la réfraction solaire sur le sol d'une blancheur étincelante qui nous entourait de tous côtés pendant la dernière partie de l'hiver et au printemps, sans qu'aucun objet foncé vînt en rompre la monotonie, l'Expédition était pourvue d'une provision abondante de conserves bleues et grises; celles-ci furent distribuées à tout le monde dès le mois de Février. Il s'est présenté, il est vrai, quelques cas de cécité de neige dus à l'imprudence, mais jusqu'à présent nous n'avons pas eu de cas grave de cette affection extrêmement douloureuse.

Le produit de la chasse pendant le cours de l'hiver s'est borné à quelques lagopèdes et à des lièvres; ce n'était donc pas un contingent bien considérable à l'approvisionnement du navire. En revanche, nous avons eu du poisson, surtout au moyen d'échanges avec les indigènes, de sorte qu'on put en manger une fois par semaine. Celui que nous avons eu en abondance pendant l'hiver, était une espèce de morue (?) avec les vertèbres dorsales d'un gris-vert; il ne put cependant être mangé au commencement que dans la chambre, parce que l'équipage en avait une aversion insurmontable à cause de cette couleur.

Les observations de la température ont été faites tous les quarts d'heure jusqu'au 1er Novembre, puis toutes les heures jusqu'au 1er Avril et ensuite six fois par jour. Entre le 27 Novembre et le 1er Avril, les instruments ont été établis à terre dans l'observatoire magnétique, avant et après cette époque à bord ou dans le voisinage immédiat du navire. En hiver, la surveillance en a été confiée au Dr Stuxberg qui, alors que tout était couvert de glace autour de nous, était forcé de discontinuer ses études zoologiques.

Comme les phénomènes de la température exercèrent une influence capitale sur notre vie de tous les jours et qu'ils formaient la pierre de touche sur laquelle notre armement a été éprouvé, je communiquerai en appendice un extrait étendu du journal météorologique. Je me borne donc ici à faire remarquer que les observations météorologiques faites au quartier d'hiver du *Véga* constituent les premiers matériaux détaillés pour servir à la connaissance du temps dans la presqu'île qui sépare l'Océan glacial sibérien de l'Océan pacifique; de plus, que la connaissance des vents du NO. qui, analogues aux moussons, ont régné ici ordinairement pendant le cours de l'hiver, ne doit pas être sans importance pour la climatologie de la Sibérie en général, aussi bien que pour l'étude des typhons et des moussons des côtes du Japon et de la Chine.

Le plus grand froid observé dans les différents mois a été:

Octobre	le	24	— 20°,8
Novembre	»	30	— 27°,2
Décembre	»	23	— 37°,1
Janvier	»	25	— 45°,7
Février	»	2	— 43°,8
Mars	»	29	— 39°,8.

Deux fois nous avons eu une hausse extraordinaire du baromètre, savoir:

Le 22 Décembre à six heures du matin 782$^{mm.}$,0 (0°)

» 17 Février » » » » » 788$^{mm.}$,1 »

Le minimum de pression atmosphérique jusqu'au 1er Avril a été:

Le 31 Décembre à deux heures du matin, savoir 728$^{mm.}$,8 (0°).

Le temps a été très tempêtueux pendant l'hiver et la direction du vent à la surface du sol presque tous les jours entre NO. et NNO. Mais à en juger par la direction des nuages, les couches d'air d'une hauteur même peu considérable montraient généralement un courant atmosphérique non moins constant du SE. qui, lorsqu'il s'abaissait parfois à terre, amenait de la chaleur et un air relativement sec. Il est facile d'en trouver la cause si l'on considère que le détroit de Bering forme une porte, entourée de montagnes passablement élevées, entre les couches d'air chaud de l'Océan Pacifique et celles d'air froid de l'Océan polaire. Les vents doivent établir ici leur régime à peu près suivant la même loi que le courant d'air qui se produit à une porte ouverte entre une chambre chaude et une pièce froide, c'est-à-dire que le courant d'air froid doit aller en bas pour se rendre de la pièce froide à la chaude, et vice versâ pour l'air chaud. Les montagnes qui, au dire des indigènes, doivent se trouver dans l'intérieur de la presqu'île tchouktche contribuent aussi à la chaleur et à la sécheresse des vents du S. et du SE. Elles donnent en effet aux vents marins qui s'avancent par-dessus leurs sommets les qualités du «föhn.» Nos vents les plus froids sont venus du SO. à l'O., c'est-à-dire des plaines de la Sibérie. La rapidité avec laquelle le ciel, dans la région du détroit de Bering, se couvre de nuages et redevient parfaitement clair, dépend de l'existence de deux courants atmosphériques qui luttent ensemble à une certaine hauteur au-dessus de la surface de la terre. Le célèbre navigateur dans les parages du détroit de Bering, aujourd'hui amiral dans la flotte des Etats-Unis, Sir Rodgers, a déjà remarqué ce fait et l'a comparé très-heureusement au lever et au baisser d'un rideau de théâtre.

Dans nos notes sur la température, nous avons fait une différence entre le *tourbillon de neige* (*snöyra* = chute de neige accompagnée de vent) et la *neige mouvante* (*yrsnö* = tempête sans chute de neige). La neige tombée n'a pas été très considérable, mais comme nous n'avons pas eu un temps doux assez long pour qu'elle formât une croûte fondante et compacte, une grande partie de la neige qui tomba était si peu ferme que le moindre coup de vent la mouvait en tous sens. La tempête ou une forte brise l'élevait dans l'atmosphère, qui se remplissait ainsi de poussière si fine et si épaisse que les objets ne pouvaient plus être distingués à quelques mètres de distance. Il n'était pas possible par un temps pareil de voir son chemin, et celui qui s'égarait alors était perdu sans retour, à moins que comme les Tchouktches il ne pût attendre la fin de la tourmente enseveli sous un monceau de neige. Mais même par un vent faible et un ciel sans nuage, une tempête de neige s'avançait à quelques centimètres au-dessus du sol dans la direction du vent, par conséquent en général du NO. au SE. Elle amoncelait aussi des tas de neige partout où le vent rencontrait un obstacle et enterrait plus sûrement que la neige mouvante les objets à découvert et le sentier déjà frayé. La quantité d'eau congelée qui passait dans ce courant, haut de quelques centimètres seulement mais continu et rapide comme le vent, sur la côte septentrionale de la Sibérie jusqu'aux régions méridionales, est comparable à la masse d'eau des grands fleuves du globe et joue un rôle assez considérable sous le rapport du climat, entr'autres comme véhicule du froid dans les contrées boisées les plus septentrionales, pour attirer l'attention des météorologistes.

L'humidité de l'air a été mesurée avec le psychromètre et l'hygromètre de Saussure. Mais je ne crois pas que ces instruments prononcent un arrêt irrévocable par une température de — 20 ° à — 45 °. Il faut ajouter que dans l'endroit où il est possible de placer le psychromètre et l'hygromètre pendant un hivernage dans le haut Nord, le degré de l'humidité de l'air n'a pas l'importance météorologique qu'on lui a souvent attribuée. En effet, les instruments sont en général établis dans une cage à persiennes placée d'une manière indépendante à une hauteur convenable au-dessus du sol pour qu'on puisse lire. Mais il est impossible d'empêcher la neige de pénétrer dans cette cage pendant un tourbillon de neige presque continu. Même l'air primitivement d'une sécheresse parfaite doit alors se saturer d'humidité par l'évaporation de la couche de neige environnante et de la poussière neigeuse qui tourbillonne près du sol.

Pour déterminer le véritable degré d'humidité de l'air, je conseillerais aux voyageurs futurs dans les régions polaires couvertes de neige, de peser directement l'eau que renferme un espace d'air donné en l'introduisant dans des tubes de chlorure de calcium, de cyanose calciné ou d'acide sulfurique. Il serait très facile d'établir un instrument dans ce but, de manière que tout le travail fût exécuté sous le pont et qu'on pût à son gré examiner l'air de n'importe quelle couche inférieure au sommet du mât. Si j'avais eu les moyens de faire des recherches de ce genre au quartier d'hiver du *Véga*, elles auraient certainement démontré que l'humidité relative de l'air a en général été très faible déjà à quelques mètres au-dessus du sol.

Quand la température de l'air descendait vers — 40 °, on lisait régulièrement le thermomètre ordinaire à mercure et un thermomètre à alcool, tandis qu'au-dessous de — 40 ° on ne lisait jamais que ce dernier. Il faut remarquer à ce propos qu'en se congelant, le mercure se contracte si fortement que la colonne mercurielle s'affaisse complètement dans le réservoir. La lecture de — 90 °, qui fut faite dans la Suède du Nord à une époque où la congélation et la contraction du mercure étaient inconnues et provoqua jadis plus d'une discussion, peut se renouveler n'importe quand, si l'on refroidit ce métal au-dessous de son point de congélation dans un thermomètre divisé jusqu'à — 90 degrés. La congélation du mercure s'effectue de bas en haut, par le fait que le métal gelé, devenu plus pesant, tombe dans la partie encore liquide. Si, lorsque le mercure est à moitié congelé, on sépare par écoulement la partie fluide de la partie solide, on obtient des groupes de cristaux composés d'aiguilles formées elles-mêmes de petits octaèdres unis entre eux le long des bords du cube.

Aucun de nos thermomètres à mercure n'a souffert de la congélation du mercure suivie du retour à l'état liquide. A la congélation, le mercure se retirait toujours dans le réservoir, même quand le — 40 ° se trouvait placé à une certaine hauteur du tube. Cette circonstance rend probable que, de même que l'eau, le mercure exige un degré plus considérable de froid pour se congeler dans un tube capillaire que dans un autre.

On admet depuis longtemps que l'eau salée, quand elle gèle, donne une glace dépourvue de toute salure. Cependant, lorsqu'en naviguant dans les mers polaires, on se procure l'eau nécessaire à la boisson et à la cuisine en fondant de la glace de mer récemment formée, on remarque bientôt que cette thèse n'est pas entièrement juste et que la glace en question contient assez de sel pour exercer une fâcheuse influence sur la préparation des aliments. Ce sujet ne laisse pas d'avoir une certaine importance pour les navigateurs polaires, et elle a souvent donné lieu à des discussions dans les ouvrages traitant des questions arctiques. On a constaté que tandis que la glace marine de formation récente est toujours salée, certains blocs plus grands sont presque totalement dépourvus de sel. Il est vrai que ces derniers sont fréquemment d'origine glaciaire terrestre, mais on peut aussi citer des exemples de véritable glace d'eau salée donnant à la fonte une eau à peu près douce. Dans le but d'élucider cette question, le Dr Almqvist et moi, nous avons déterminé par le titrage la salure d'une foule d'échantillons de glace. Voici les résultats auxquels nous sommes arrivés:

La glace de formation récente est toujours plus ou moins salée par le fait que des cavités remplies d'eau salée restent dans la masse à la congélation de l'eau. Après avoir séjourné longtemps au-dessus du niveau de l'eau, cette glace perd insensiblement sa salure. Les bulles d'eau saturée de sel (ne gelant qu'à une température inférieure à -17^{0}), se déplacent peu à peu de l'intérieur à la surface, et la glace perd ainsi de sa salure, sans changer d'aspect. Cette modification commence à une très basse température et me paraît fournir un indice remarquable de la manière dont une foule de roches se sont métamorphosées.

L'eau de marée qui, par un froid intense, se maintient à la surface de la glace, est sensiblement plus salée que l'eau de mer. Enfin, les efflorescences de sel qu'on rencontre sur la glace des mers polaires et que les voyageurs russes en particulier désignent sous le nom de *razsol*, ne se composent pas de sel marin pur, mais d'un sel double hydraté de chlorure de magnésium et de chlorure de sodium. Dans les froids rigoureux, ce sel forme de magnifiques efflorescences sur la glace nouvelle. Il fond dans son eau cristalline dès —8°. Nous en avons emporté des échantillons pour en faire une analyse plus complète.

En général, les résultats auxquels nous sommes arrivés et que nous communiquerons plus tard avec plus de détails, concordent avec l'expérience du Dr Raes et avec les excellentes recherches du Dr Walker pendant l'Expédition de Mac Clintock à bord du *Fox* en 1857—59. Cependant, le Dr Walker n'a pas remarqué la différence notable qui existe entre la composition de la salure marine et celle des efflorescences, ce qui l'a amené à une interprétation, erronée selon moi, de la manière dont la glace salée perd son sel. En effet, il pense que les particules salées de la glace sont expulsées par la compression de la glace sous l'action du froid. Par conséquent, d'après lui, la glace deviendrait plus rapidement pure dans les grands froids et ne subirait plus de modifications dans sa salure dès qu'elle a été soumise à un maximum de froid. Nous croyons au contraire que la glace se libère le plus rapidement de sa salure à une température se rapprochant de —0°, par la raison que les vésicules contenant de l'eau salée ont alors le plus de facilité à se frayer un chemin jusqu'à la surface, ou, en d'autres termes, que la diminution de la salure de la glace continue sans interruption aussi longtemps qu'il reste de la glace non fondue.

Sous l'effet de la chaleur solaire de l'été, la fonte s'opère non-seulement à la surface, mais encore à l'intérieur de la vieille glace, qui se remplit de la sorte d'une foule de petites cavités aqueuses. Or, l'eau, ayant un plus grand volume à l'état gelé qu'à l'état liquide, ne remplit en général qu'imparfaitement ces vides et trouve alors, lorsqu'elle regèle, assez d'espace pour se dilater sans rompre son enveloppe. Mais il arrive parfois que la cavité se remplit totalement par la compression de l'enveloppe ou par l'infiltration de l'eau des vides voisins. En ce cas, le bloc est brisé par la congélation de cette eau, lorsque l'hiver suivant il est exposé à un froid intense. C'est pourquoi, toutes les vieilles glaces échouées montrent une si forte tendance à se fractionner que ce fait doit incontestablement exercer une très grande influence sur l'état des glaces dans les régions arctiques. Pendant notre hivernage, nous vîmes les grands blocs entourant le navire se briser l'un après l'autre, et des crevasses se former avec tant de facilité même à travers des blocs échoués à 5 brasses de profondeur, que, selon moi, il faut très probablement chercher la première origine de ces crevasses à l'intérieur de la roche glacée en apparence si solide.

Le lieutenant Palander a imaginé un appareil très simple au moyen duquel il a été possible pendant l'hiver de déterminer avec une grande exactitude et depuis le navire, les variations qui avaient lieu dans la hauteur de l'eau. Ces observations réunies forment une série complète et non-interrompue de mesures de la marée faites d'heure en heure pendant six mois; calculées dûment et comparées avec les mesures exécutées par les Anglais et les Américains dans l'Amérique polaire, avec celles des Danois sur la côte occidentale du Grœnland, des Allemands sur la côte orientale, des Autrichiens à la Terre de Franz-Joseph, des Russes à la Nouvelle Zemble et les nôtres à Mossel-Bay, elles fourniront sans nul doute des indications précieuses sur la répartition de la terre et de l'eau dans le bassin polaire, question qui, on le sait, est bien controversée. A cet égard, je ne puis que me borner à dire ici que l'écart maximum entre le flux et le reflux à notre hivernage n'accuse que 18 centimètres et l'on pourrait en inférer que la mer située au nord du détroit de Bering forme un bassin de peu d'étendue qui ne communique avec l'Océan que par des détroits. Les variations amenées par les vents dans la hauteur du niveau de la mer furent beaucoup plus considérables. Elles se sont élevées à près de 2 mètres. Une circonstance singulière nous fit connaître de plus qu'une modification irrégulière encore plus grande dans les différences de niveau entre la terre et la mer avait dû avoir lieu de mémoire d'homme. Immédiatement après la visite de Menka, les Tchouktches, peut-être par suite d'une menace de ce dernier, manifestèrent la crainte de nous voir provoquer des inondations le long des côtes. Cette crainte semble indiquer que les modifications subites amenées, comme on le sait, par les volcans dans la configuration des terres des régions volcaniques situées plus au S., se sont étendues jusqu'ici.

La plupart des villages tchouktches se trouvant sur la plage même et souvent sur des isthmes de sable très bas entre les lagunes et la mer, une de ces lames immenses produites par les tremblements de terre causerait ici la destruction totale de villages sans nombre.

La surveillance des observations magnétiques a été confiée au lieutenant Hovgaard, qui s'est chargé en outre de la tâche ardue de les calculer après le retour de l'Expédition. Elles se sont composées:

1° de déterminations «absolues» partout où l'occasion s'en est offerte;

2° d'observations sur les modifications d'intensité et de direction des forces magnétiques, exécutées, ainsi que les déterminations «absolues» nécessaires, d'heure en heure entre le 27 Novembre et le 1er Avril;

8° d'observations toutes les 5 minutes le 1er et le 15 de chaque mois à partir du 15 Janvier.

L'espace disponible à bord du *Véga* ne nous ayant pas permis d'emporter, comme nous l'avions fait en 1872, un observatoire en planches réuni sur place par des clous en cuivre, il nous fallut cette fois en construire un avec les vrais matériaux des régions polaires, c'est-à-dire la glace et la neige. Il n'en répondit pas moins parfaitement à son but, grâce aux soins tout particuliers que nos marins apportèrent à sa construction. Un inconvénient ne put cependant pas être évité. Afin de donner à l'observatoire la rigoureuse stabilité d'un édifice destiné à des observations magnétiques terrestres, je fus forcé de l'établir, non sur la banquise ou sur une glace de fond dans le voisinage du navire, mais sur le rivage, situé à environ un kilomètre et demi. Faire ce chemin d'heure en heure par le froid et pendant les tempêtes de l'hiver était par trop difficile et souvent même à peu près impossible en temps de neige tourbillonnante. C'est pourquoi le service des observations fut réparti en 4 gardes journalières, la 1re courant de 3 à 8 h. du matin, la 2me de 9 h. du matin à 2 h. de relevée, la 3me de 3 à 8 h. du soir et la 4me de 9 h. du soir à 2 h. du matin. Ces quarts se faisaient à tour de rôle entre les savants et les officiers de l'Expédition, auxquels il faut ajouter le mécanicien en second Nordström et le matelot Lundgren. Celui-ci avait déjà, avant d'être désigné à la tâche en question, fourni des preuves de son aptitude aux travaux de cette nature en tenant pour son propre compte et de son chef un journal météorologique. Le nombre des observateurs était donc de 11, circonstance qui permettait, à raison de 4 gardes par jour, un déplacement convenable des quarts. Ce n'était pas une chose des plus agréables, quoiqu'elle ne parût pourtant pas exercer d'influence fâcheuse sur la santé des observateurs, que de parcourir une route d'un kilomètre et demi par l'obscurité, la tourmente et un froid allant parfois jusqu'à — 45 °, pour séjourner 5 heures de suite dans un étroite maison de glace, où la température accusa longtemps — 18 ° et se trouvait d'ordinaire au-dessous de — 12 °. Il me semble cependant que cette interruption forcée de la vie monotone du bord que ne vinrent modifier ni mésaventures ni désagréments d'une gravité quelconque, a dû constituer un assaisonnement excellent pour la santé du corps et de l'esprit, bien qu'il ne fût peut-être pas toujours de notre goût.

Les seules interruptions qui eurent lieu durant les quatre mois, furent la veille de Noël, de 6 h. à 10 h. du soir, et le jour même de Noël de 3 à 4 h. et de 9 à 10 h. du soir. Grâce à cette persévérante continuité, nos observations magnétiques sont à même de rivaliser parfaitement, au point de vue de la série complète, avec celles de l'hivernage suédois de 1872—1873 à Mossel-Bay et de l'Expédition austro-hongroise en 1873—1874, c'est-à-dire avec les deux séries les plus complètes d'observations magnétiques que l'on possède des régions polaires.

Notre maison de glace ou *tintinyaranga*, comme les Tchouktches la nommaient, était située tout près du village tchouktche de Pitlekaï. D'abord les habitants de ce village considérèrent nos travaux avec une certaine méfiance, les mettant en connexion avec les bavardages de Menka sur des inondations futures. Dans la suite, ces craintes se calmèrent un peu, surtout après que pour satisfaire à la curiosité générale, nous eûmes permis à quelques individus de jeter un regard dans notre salle de glace d'une somptuosité sans égale à leurs yeux, éclairée qu'elle était d'une lampe à pétrole et de bougies stéariques, et surtout après que nous y eûmes donné, dans les tourmentes les plus aiguës, l'hospitalité à quelques voyageurs égarés.

Comme on le sait, l'aurore boréale est un phénomène à la fois cosmique et tellurien. Liée d'un côté à l'atmosphère terrestre, elle est en relation étroite avec le magnétisme terrestre, mais elle dépend d'un autre côté de certaines modifications d'une nature encore peu connue qui se présentent avec une périodicité plus ou moins régulière dans l'enveloppe du soleil, et qui se révèlent à nous par la formation des taches solaires. Divers savants ont même mis l'apparition de l'aurore boréale en connexité avec des matières cosmiques tombant de l'espace à la surface du globe sous forme de poussière. Indépendamment de l'éclat de coloration de l'aurore boréale si bien connu des habitants du Nord, ces circonstances ajoutent à l'importance du phénomène auroral, et les savants n'ont guère entrepris d'Expédition dans les solitudes du Nord arctique, sans se poser comme l'un des buts de leurs recherches celui de recueillir de nouveaux matériaux pour l'étude de la nature réelle de l'aurore boréale. Si j'en excepte les mesures et les dessins exécutés magistralement par l'Expédition française de la *Recherche* à la Norvége septentrionale et au Spitzberg en 1838 et 1839, les travaux du capitaine Weyprecht pendant l'Expédition austro-hongroise à la Terre de Franz-Joseph en 1872—1874, les recherches spectrales du Dr Wijkander dans l'hivernage suédois à Mossel-Bay et celles du professeur Lemström dans son voyage en Laponie, on se voit forcé d'avouer que les matériaux fournis par la plupart des Expéditions arctiques à la solution de cette question scientifique se sont, en somme, réduits à des listes d'aurores boréales et à des descriptions plus ou moins réussies des splendeurs lumineuses du phénomène [1]). On pouvait d'autant moins s'attendre à ce que l'Expédition du *Véga* constituât, en cas d'hivernage, une exception à cet égard, qu'elle avait lieu dans l'une des années connues d'avance comme une année de minimum d'aurores boréales. C'est cependant cette circonstance même qui m'a permis d'étudier le phénomène en question dans une région parculièrement convenable et dans des conditions des plus favorables. Les arcs lumineux qui le plus souvent, même en Scandinavie, forment le point de départ des aurores rayonnantes, n'étaient pas effacés ici par les formes plus éclatantes de l'aurore boréale. Il a donc été possible, sans être troublé par des circonstances secondaires, de réunir des éléments utiles à l'étude de la nature réelle de ces arcs lumineux. J'envoie en même temps que ce rapport un travail destiné à être imprimé dans les publications de l'Académie des sciences et intitulé: «Matériaux pour servir à la connaissance de la position de l'aurore bo-

---

[1]) La raison principale s'en trouve dans le fait que les expéditions anglaises et américaines ont le plus souvent hiverné dans des régions situées au-delà de la zone de l'hémisphère nord où les aurores boréales présentent leur maximum de développement.

réale dans l'espace.» Ce mémoire contient l'exposé détaillé, accompagné de cartes et de dessins, des observations que nous avons faites ici sur l'aurore boréale. On verra par ce mémoire que durant tout l'hiver de 1878—1879, l'aurore boréale ne se présenta jamais avec les magnifiques bandes rayonnantes ou draperies de rayons auxquelles nous sommes si accoutumés en Scandinavie, mais toujours sous la forme de faibles arcs lumineux à position horaire et diurne invariable. Ici, elle apparaissait *d'une manière continue*, quand le ciel n'était pas voilé de nuages ou que la faible lumière des arcs auroraux n'était pas obscurcie par les rayons du soleil ou de la pleine lune.

Des nombreuses mesures exécutées pendant l'hiver relativement à la hauteur, à l'extension et à la position de ces arcs lumineux, je crois pouvoir tirer les conclusions suivantes.

Même dans les années de minimum d'aurores boréales, notre globe est orné presque en permanence d'une couronne lumineuse simple, double ou multiple, dont, pendant l'hiver de 1878—1879, le limbe intérieur a présenté d'ordinaire une hauteur au-dessus de la surface de la terre d'environ $^3/_{100}$ de rayon terrestre; le centre, le «pôle auroral», était situé sur le rayon terrestre atteignant la surface du globe environ par le 81° de lat. N. et le 180° de long. O. de Greenwich[1]).

[1]) Par conséquent, non au pôle magnétique, mais sur un point situé entre ce pôle et le pôle nord, et que l'on pourrait appeler *le pôle auroral*. Le plan dans lequel se trouve la couronne lumineuse, coupe légèrement au-dessous de la surface terrestre le rayon terrestre passant par le centre de la couronne.

Il s'est développé suivant une section transversale de 0,3 de rayon terrestre en un plan perpendiculaire au rayon terrestre passant par le centre du cercle.

Cette couronne lumineuse se trouve dans les mêmes rapports avec l'aurore boréale à rayons et à draperies des pays scandinaves, que les vents alisés et les moussons des latitudes australes avec les vents et les tempêtes irrégulières du Nord. Cette lumière ne rayonne jamais, mais ressemble plutôt à celle qui traverse une plaque de verre dépoli. Quand l'aurore boréale devient plus intense, l'étendue de la couronne lumineuse se modifie, on voit des arcs doubles ou multiples, d'ordinaire situés dans le même plan, avec un centre commun, et le rayonnement se produit entre les différents arcs. Il est rare de voir des arcs ayant une position irrégulière l'un par rapport à l'autre et se croisant.

L'aire visuelle de l'*arc ordinaire* [1] est limitée par deux cercles tirés à la surface de la terre avec le pôle auroral pour centre et des rayons mesurés sur la sphéricité de la terre de 81° et de 28°. Elle ne touche que d'une façon insignifiante les pays habités par des peuples d'origine européenne (l'extrême Nord de la Suède, de la Norvège et de la Finlande, l'Islande et le Grœnland danois), et même il existe dans ce vaste district une zone passant par le Grœnland moyen, le Spitzberg méridional et la terre de Franz-Joseph, où l'*arc ordinaire* ne forme en réalité qu'un

[1]) En supposant qu'il ne peut plus être nettement distingué quand son point culminant ne se trouve qu'à 4° au-dessus de l'horizon.

faible voile lumineux au zénith. Cette zone sépare les régions où les arcs lumineux se montrent principalement à l'horizon sud de celles où ils apparaissent surtout à l'horizon nord. Dans le district le plus rapproché du pôle auroral, on n'aperçoit que les couronnes lumineuses les plus petites; dans la Scandinavie moyenne, que les couronnes les plus grandes et les moins régulières. C'est en revanche dans cette dernière région, comme aussi dans les parties méridionales de l'Amérique anglaise que les orages auroraux, les aurores boréales à rayons et à draperies paraissent constituer la règle. Ces dernières paraissent se rapprocher de la surface terrestre d'une quantité plus grande que les aurores à arc. Il faut chercher la région où les aurores boréales présentent leur plus grand développement près du cercle qui, en prenant le pôle auroral pour centre, est décrit sur la surface terrestre avec un rayon d'environ 24° mesuré d'après la sphéricité de la terre. Je renvoie au mémoire mentionné ci-dessus pour de plus amples détails et pour les bases sur lesquelles s'appuient les considérations qui précèdent.

Les exploratioins zoologiques et botaniques qui ont eu lieu dans le courant de l'Expédition, doivent, comme je le signalais déjà dans le programme, acquérir une valeur particulière par le fait qu'elles se rapportent à un littoral s'étendant sur plus de 90 degrés de longitude et à une mer immense, que n'avaient jamais visités des naturalistes ayant pour objet principal l'étude des formes variées du monde animal et du monde végétal [1]). C'est peut-être dans ces domaines que l'Expédition a obtenu ses moissons les plus précieuses et d'une nature exclusivement scientifique. Mais, comme les explorations ne seront terminées que lorsque le *Véga* entrera dans le Pacifique, je crois devoir ajourner à ma prochaine lettre l'exposé des résultats obtenus. J'aurai en même temps l'occasion d'envoyer les rapports détaillés que le Dr Kjellman m'a promis sur les algues et les phanérogames, le Dr Almqvist sur les lichens, le Dr Stuxberg sur la vie animale inférieure et le lieutenant Nordqvist sur la vie animale supérieure des côtes septentrionales de la Sibérie.

Outre le mémoire sur l'aurore boréale, j'expédie avec le présent rapport deux travaux rédigés pendant l'hiver, destinés à voir le jour dans les publications de notre Société d'Anthropologie et de Géographie. Le premier, sur les utensiles et la vie des Tchouktches côtiers, est le résumé de nos études *de visu* sur les mœurs de ce peuple polaire si remarquable à tant d'égards, ainsi qu'une description de la collection très complète d'ustensiles, de vêtements, de dessins, de sculptures en os et en bois, d'amulettes, etc., que nous avons été à même de réunir. Dans cette relation-ci, comme dans une relation précédente expédiée à Kolyma par un Tchouktche de passage, j'ai si sou-

---

[1]) Le seul prédécesseur de nos zoologistes et de nos botanistes dans cet immense domaine, est le savant polonais A.—L. Tchekanofski, si distingué comme naturaliste. Il n'a toutefois passé que quelques jours à l'embouchure de l'Olonsk, sans visiter les côtes de la Mer Glaciale proprement dite.

vent décrit nos rapports toujours agréables avec ce curieux peuple polaire au milieu duquel s'est passé notre hivernage, que je juge inutile de m'arrêter plus longtemps sur ce sujet, qui sans nul doute constituera un thème favori dans les lettres et les récits de mes compagnons.

Le second travail a pour titre: «De la possibilité de la navigation de l'Océan Glacial Sibérien.» J'ai déjà si souvent aussi traité cette matière dans le programme de l'Expédition comme dans mes lettres datées des embouchures du Yénisséï et de la Léna, qu'il pourrait paraître inutile d'y revenir ici. Mais, comme la réponse à cette question a été pour moi le premier motif et le but principal de l'Expédition, je crois devoir, au risque de me répéter, citer, en m'appuyant sur l'expérience de mes prédécesseurs et sur la mienne dans ce domaine, les termes par lesquels je résume rapidement ma manière de voir actuelle sur cette question d'une importance incalculable au point de vue pratique.

«. . . . . . . Ce qu'il y a de positif, c'est que si même la connaissance que nous possédons de la mer le long d'étendues considérables de la côte septentrionale de l'Asie est encore très incomplète, cette mer n'a toutefois nullement mérité la mauvaise réputation dont elle a joui jusqu'ici par suite les tentatives de navigation sans succès faites pendant trois siècles et demi [1]).

[1]) Même l'Expédition du Véga a eu à lutter avant son départ de la Suède contre des difficultés dues à ce que bien des personnes avaient la conviction que le plan était impraticable. Elles parta-

Le voyage que le *Véga* vient d'accomplir peut-il être répété chaque année? Il est pour le moment impossible de répondre à cette question par un *oui* ou par un *non* catégorique. L'affirmative serait facilement de nature à provoquer une foule de tentatives prématurées, la seconde réponse serait peut-être un jour tout aussi complètement infirmée par l'expérience que l'épilogue bien connu du récit de la première circumnavigation terrestre. Mais ce que je crois, c'est que notre voyage peut-être souvent renouvelé et qu'il le sera souvent avec succès.

Ce que je viens de dire peut se résumer dans les points suivants:

---

geaient à cet égard un vieux préjugé. Dans l'ouvrage intitulé: «A chronological History of Voyages into the Artic Regions, undertaken chiefly for the purpose of Discovering a North-East, North-West, or Polar Passage between the Atlantic and Pacific», par John Barrow (Londres 1818), le célèbre auteur dit par exemple, p. 370—371: «Des trois directions dans lesquelles un passage a été cherché de l'Atlantique au Pacifique, celle du Nord-Est comporte le moins d'espérances encourageantes; en effet, les nombreuses et vaines tentatives des Anglais et des Hollandais d'un côté, des Russes de l'autre, prouvent surabondamment qu'il est absolument impossible de trouver un passage navigable par l'extrémité septentrionale de l'Asie.»

M. Payer dit dans une lettre datée de Londres le 5 Novembre 1874 et adressée à A. Petermann (*Geograph. Mittheil.*, 1874, p. 452), qu'il n'existe «pas de mer polaire ouverte ni parfaitement fermée, mais une certaine chance variant d'année en d'année en faveur de la navigation, chance que je ne pourrai jamais me figurer assez grande pour permettre d'atteindre le pôle ou de réaliser le passage du Nord-Est.» Le savant et infatigable instigateur d'expéditions dans les mers arctiques, le Dr A. Petermann, a cependant soutenu lui-même avec ardeur des opinions toutes différentes sur la Mer Glaciale de Sibérie et sur la possibilité de la navigation dans ces parages.

1°. La route maritime de l'Atlantique au Pacifique le long des côtes septentrionales de la Sibérie doit fréquemment pouvoir être parcourue en quelques semaines par un vapeur convenable, ayant à son bord des marins expérimentés; mais il est peu probable, *vu la connaissance que l'on possède actuellement de la Mer Glaciale de Sibérie*, que cette route devienne *dans sa totalité* d'une importance réelle pour le commerce.

2°. On peut dès à présent affirmer que rien n'empêche d'utiliser comme voie commerciale les communications maritimes entre l'Ob-Yénisséi et l'Europe.

3°. Selon toute vraisemblance, la route par mer entre le Yénisséi et la Léna et entre la Léna et l'Europe peut être également utilisée comme route de commerce; mais l'aller et le retour entre la Léna et l'Europe ne pourront guère se faire dans le courant du même été.

4°. Des explorations ultérieures sont nécessaires pour décider de la possibilité ou non de relations commerciales maritimes entre l'embouchure de la Léna et le Pacifique. L'expérience acquise par notre Expédition montre que l'on peut dans tous les cas introduire par cette route du Pacifique dans le bassin de la Léna des bateaux à vapeur, des engins pesants et d'autres objets qui ne se prêtent guère au transport sur des traîneaux ou des voitures.

Bien des personnes trouveront sans doute les vues que je viens d'énoncer un peu trop riches en promesses. L'expérience que nous possédons actuellement des parties de la Mer Glaciale situées entre le Yénisséi et le détroit de Bering est en réalité si minime qu'elle livre un champ très vaste à des opinions divergentes, et il est clair que la question ne peut attendre une solution définitive que d'explorations ultérieures. Pour montrer combien peu l'on est autorisé à une infirmation absolue, qu'il me soit permis de rappeler encore une fois que dans leurs courses aux parages occidentaux du Grœnland, toujours remplis de glace, les navires de la *Compagnie de Commerce Dano-Grœnlandaise* sont exposés à moins de sinistres et d'avaries que les navigateurs des mers de la Chine, et que les baleiners norvégiens dépassent annuellement sur les côtes occidentales et septentrionales du Spitzberg la latitude atteinte avec difficulté par les navires de Phipps et de Tchitchagoff équipés avec toutes les ressources de l'Angleterre et de la Russie. Il est parfaitement possible qu'un pareil état de choses s'établisse un jour pour la navigation le long des côtes septentrionales de l'Asie.

Il est un point à l'égard duquel les espérances que j'avais attachées à l'Expédition du *Véga* ont été totalement déçues. Avant mon départ de la Suède, j'espérais pouvoir rapporter, des couches meubles à mammouth des côtes de la Mer Glaciale, des matériaux nouveaux et importants pour la connaissance de l'histoire du globe. Mais à cet égard l'Expédition se réduit jusqu'à présent à l'acquisition de quelques défenses de mammouth et à des observations géologiques à peine dignes d'être mentionnées.

Détroit de Bering, le 6 Avril 1879.

(Signé:) A. E. NORDENSKIÖLD.

RÉGIME ALIMENTAIRE

à bord du *Véga*

pendant son hivernage à la côte septentrionale

de la Sibérie.

No 1. **Déjeuner.**

Beurre . . . . 6 ort (25 grammes)
Café . . . . 10 ort (42 gr.)
Sucre . . . . 7,5 ort (32 gr.)

Dîner.

Porc salé ou poisson séché 75 ort (318 gr.)
Choux aigres . . . . 75 ort (318 gr.)
Pommes de terre conservées 12 ort (51 gr.)
Légumes conservés . . . . . 5,5 ort (23 gr.)
Extrait de viande . . . . . . 1,5 ort (6 gr.)
Riz . . . . 50 ort (212 gr.)
Raisins secs . . . . 5 ort (21 gr.)
Eau-de-vie ou rhum . . . . 2 pouces cubes (5 centilitres)

Souper.

Beurre . . . . 6 ort (25 gr.)
Thé . . . . 1,5 ort (6 gr.)
Sucre . . . . 7,5 ort (32 gr.)
Orge . . . . 10 p. c. (26 centilitres)
Fromage . . . . 12 ort (51 gr.)

No 2. **Déjeuner.**

Comme No 1.

Dîner.

Conserves de viande . . . . Une portion
» » pommes de terre 12 ort (51 gr.)
» » légumes . . . 5,5 ort (24 gr.)
» d'oignons . . . . Une portion
Extrait de viande . . . . . . 1,5 ort (6 gr.)
Eau-de-vie ou rhum . . . . 2 p. c. (5 centil.)

Souper.

Comme No 2 sans fromage.

No 3. **Déjeuner.**

Comme N° 1.

Dîner.

Porc salé	1 livre (425 gr.)
Pois	10 p. c. (26 centil.)
Extrait de viande	I,5 ort (6 gr.)
Orge	2 p. c. (5 centil.)
Eau-de-vie ou rhum	2 p. c. (id.)

Souper.

Comme N° 2.

No 4. **Déjeuner.**

Beurre	6 ort (25 gr.)
Chocolat	10 ort (42 gr.,50)
Sucre	7,5 ort (32 gr.)

Dîner.

Viande salée	1 livre (425 gr.)
Macaroni	15 ort (64 gr.)
ou Fèves	10 p. c. (26 centil.)
ou Pois verts	1 portion
Soupe aux fruits	1 portion
Eau-de-vie ou rhum	2 p. c. (5 centil.)

Souper.

Comme N° 2.

No 5. **Déjeuner.**

Comme N° 4.

Conserves de biftecks ou beefs à la poêle	1 portion
» » pommes de terre	12 ort (51 gr.)
» d'oignons	1 portion
Soupe aux fruits	1 portion
Eau-de-vie ou rhum	2 p. c. (5 centil.)

Souper.

Comme N° 2.

De plus, chaque homme reçoit:

Par jour: $1^{\text{livre}},25$ (531 gr.) de pain sec ou de farine ($^2/_3$ de froment et $^1/_3$ de seigle), 3 ort ($8^{\text{gr.}},5$) de tabac et 1 p.c. (2 centil.) de lime-juice.

Par semaine: 1 livre (425 gr.) de farine de froment, 30 ort (127gr.,5) de beurre, 21 ort (90 gr.) de sel, 7 ort (30 gr.) de moutarde, 3 ort (12 gr.) de poivre et 2 p.c. (5 centil.) de vinaigre.

Soupe aux fruits: Une portion se compose de 5 ort (21 gr.) de sagou, 5 ort (21 gr.) de fruits secs, 3 ort (12 gr.) de raisins secs, 3 ort (12 gr.) de pruneaux, 10 ort (42 gr. 50) de mélasse ou de sucre.

Macaroni ou fèves: la portion indiquée peut être échangée contre une de petits pois conservés.

Remarque I. — En cas qu'on puisse se procurer de la viande et des légumes frais, on les sert au lieu du N° 2 et conformément au régime alimentaire de la Flotte royale.

Remarque II. — Les différents numéros d'ordre des rations s'appliquent comme suit: N° 1, le dimanche; N° 2, les lundi, mercredi et vendredi; N° 3, le jeudi; N° 4, le mardi et N° 5, le samedi.

Remarque III. — Outre les denrées ci-dessus mentionnées, le *Véga* est approvisionné d'autres encore, telles que raifort, pickles, lait concentré, qui n'entrent pas dans les rations, mais peuvent être employées au besoin.

II.

DU 1er AVRIL AU 2 SEPTEMBRE 1879.

Le précédent rapport s'arrêtait au 1er Avril. Lorsque je me mis à l'écrire, j'espérais qu'à cette époque les froids tempêtueux qui avaient régné durant le mois précédent dans cet hiver des régions du pôle du froid, allaient enfin céder la place non peut-être à un véritable printemps mais au moins à un temps moins rigoureux; mais ce ne fut pas le cas. En avril nous eûmes encore un froid de —38°, une température de —18°,9 et l'air ne fut jamais échauffé au-delà de —4°. Le mois de mai s'ouvrit par un froid de —21°. Le 3, le thermomètre accusa une température de —26° et seulement une fois nous eûmes dans ce *mois des fleurs* et pour quelques heures seulement, un temps doux avec +1°,8. Il fit encore très-froid au commencement de juin; jusqu'au 13 le thermomètre ne s'éleva qu'exceptionnellement au-dessus de 0°. Le 2 nous eûmes —14° avec une température moyenne pour toute la journée de —9°. Le 13 Juin même, on observa —7°,6 à l'ombre; mais ce jour-là il se fit un changement subit vers les midi. A partir de ce moment, le thermomètre n'a baissé que par exception au-dessous du point de congélation et encore n'était-ce que de quelques dixièmes de degré. La neige se mit alors à fondre et avec une telle rapidité que la terre en fut presque dépouillée à la fin du mois. Déjà deux semaines plus tôt, un vent du sud avait ouvert un vaste chenal libre de glace, qui s'avançait du NO. au SE. jusqu'à quelques kilomètres de la côte, mais le *Véga* continuait à être entouré d'un champ de glace compacte de plus d'1^{m},55 d'épaisseur, quoique criblée de fentes produites par la gelée.

Au commencement de juillet, la glace se débarrassa aussi de la neige qui la recouvrait. Pendant les semaines précédentes, elle avait été couverte de tant de gâchis et d'eau de marée, que ce n'était qu'avec beaucoup de peine qu'on pouvait y marcher, même sur les endroits unis. Les chemins qui conduisaient aux parties basses du pays furent alors interceptés par de profonds ruisseaux et des amas de neige fondue dans les ravins. Le 25 Juin, les lagunes d'eau douce de la côte étaient encore généralement gelées jusqu'au fond, tandis que la débâcle des glaces avait lieu à l'embouchure, et une si grande masse d'eau s'était accumulée sur la glace des lagunes le long du rivage que l'on pouvait y aller en bateau plat. Le 16 Juillet, la glace de la mer était pleine de trous, mais si forte encore qu'elle permettait de se rendre du navire à terre. Le 17 Juillet, la glace de l'année (non pas la glace échouée) adhérente à la terre était dégagée, mais aux abords du bâtiment elle continuait à être si solide qu'au moins quinze jours semblaient nécessaires pour qu'elle se détachât. J'en étais si sûr que je me disposai à quitter le *Véga* pour quelques jours, afin d'entreprendre avec le sloop à vapeur une excursion dans le chenal ouvert le long du rivage, pour aller aux campements voisins du détroit de Bering, près desquels, au dire des indigènes, des bâtiments américains venaient d'ancrer. J'en fus empêché d'une manière fort inattendue et particulièrement réjouissante, par le fait que la glace voisine du navire s'ébranla le 18 Juillet à une heure et demie de l'après-midi. Deux heures après, le lieutenant Palander faisait vapeur. Le même jour, à $3^{h.}$ $45^{m.}$ du soir, le *Véga*, parfaitement intact des rigueurs de l'hiver, quitta l'endroit où il avait été prisonnier durant 294 jours, ou près de neuf mois, et reprit sa route sans être entravé par la glace.

Notre patience a été soumise à une rude épreuve par le fait de cette débâcle tardive, mais le séjour forcé qui en fut la conséquence à la côte septentrionale de la presqu'île tchouktche à une époque de l'année où le sol était en général dépouillé de neige, nous a fourni l'occasion d'en étudier les phénomènes naturels d'une manière beaucoup plus complète que ce n'eût été possible autrement. Il ne s'agissait pas dans ce cas seulement de déterminer pour un pays inconnu jusqu'alors la présence d'un nombre plus ou moins considérable de formes animales ou végétales ou d'y rechercher les grands traits de sa structure géologique. Des questions scientifiques d'un ordre bien supérieur s'imposent ici à l'attention du savant.

La rive asiatique du détroit de Bering constitue l'impasse à laquelle ont dû s'arrêter une foule d'animaux et de plantes de l'Ancien Monde ayant la disposition de s'étendre vers le nord-est. Le côté américain forme une station terminale identique pour les types animaux et végétaux du Nouveau Monde tendant à s'avancer vers le nord-ouest. C'est ici que se trouve le pont, qu'interrompt seulement un détroit de faible largeur, par lequel les animaux et les plantes et probablement l'homme aussi, ont passé d'un hémisphère à l'autre; et enfin, ce même détroit forme l'unique trait d'union immédiat entre deux océans.

Ce sont ces circonstances diverses qui donnent une importance toute spéciale aux travaux de l'ethnographe, du géologue, du zoologiste, du botaniste et de l'hydrographe dans ces régions. Les terres entourant le détroit de Bering sont-elles des débris d'un ancien pont, qu'aucun détroit n'interrompait, entre l'Ancien Monde et le Nouveau Monde, ou ne faut-il y voir que le commencement d'une réunion complète? La Mer Glaciale de Sibérie est-elle une ancienne mer intérieure, n'ayant reçu qu'à une époque récente les caractères d'une mer salée proprement dite, ou un ancien golfe du Pacifique actuellement en voie de se fermer et de se transformer en un bassin intérieur? Jusqu'à quel point ce détroit peu large et interrompu par deux îles, placé entre l'Asie et l'Amérique, sépare-t-il deux régions animales et végétales différentes? Dans lequel des deux hémisphères s'est trouvé le centre de formation de groupes animaux et végétaux divergents? Lesquels de ces groupes ont émigré de l'Ancien Monde dans le Nouveau, ou vice versâ?

Le désir de rassembler des matériaux pour la solution de ces questions et d'autres encore d'une importance majeure au point de vue de l'histoire du globe, ne nous a pas seulement consolés du désagrément d'être, plus longtemps que nous ne nous y étions attendus, arrêtés par la glace dans notre hivernage solitaire; ce désir m'engagea en outre, quand notre délivrance fut enfin arrivée, à ne pas mettre directement le cap sur le Japon, mais à consacrer d'abord quelques semaines à la continuation des travaux de l'automne de 1878 et du printemps de 1879, c'est-à-dire à l'exploration de la mer entre le détroit de Bering et les Iles Aléoutiennes.

Il s'agissait naturellement en tout premier lieu d'explorer aussi minutieusement que possible la côte sur laquelle nous avions hiverné. Toute déserte et stérile qu'elle est, elle n'en a pas moins fourni à l'état-major scientifique du *Véga*, l'occasion d'une foule de recherches instructives pour la solution des questions énumérées ci-dessus; mais la plupart ne pourront être achevées qu'après notre retour en Suède et quand les collections auront été dûment étudiées. Je suis cependant déjà à même de renvoyer, à l'égard d'une partie des travaux botaniques, aux mémoires ci-joints du Dr Kjellmann, destinés à être insérés dans les publications de l'Académie des sciences: *Sur la flore des algues de la Mer Glaciale de Sibérie*, et *Sur la végétation des côtes septentrionales de la Sibérie*, ainsi qu'à celui du Dr Almqvist: *Observations lichénologiques sur les côtes septentrionales de la Sibérie.* Aucun bryologiste n'accompagnait l'Expédition, de sorte que nos collections dans ce domaine sont très incomplètes, circonstance regrettable en ce que le groupe végétal en question est très développé dans ces régions si pauvres en plantes des types supérieurs. Nous n'eûmes pas le temps de recueillir ni de conserver des champignons, qui ne végètent du reste que chétivement au milieu des brouillards et des neiges du Nord arctique.

Le monde animal nous a fourni des récoltes beaucoup plus riches. Les insectes et les autres invertébrés terrestres ne brillent, il est vrai, que par leur petit nombre. Ainsi, les mollusques de terre et d'eau douce font totalement défaut; en fait de coléoptères, nous n'avons guère rencontré qu'une dizaine de types: des *carabides*, des *staphylinides*, et deux ou trois espèces de *curculions* et de *chrysomèles;* les autres ordres paraissent être typiquement tout aussi pauvres, à l'exception peut-être des diptères et des podurides. Le fond de la mer au contraire, quoiqu'il soit continuellement recouvert d'une couche d'eau salée refroidie à près de deux degrés au-dessous de zéro, fourmille de multitudes de formes animales inférieures d'espèces diverses, dont le bateau dragueur rapportait presque tous les jours une riche moisson du chenal ouvert de bonne heure au commencement de l'été dans le voisinage du navire. Le Dr Stuxberg donne l'exposé plus spécial des travaux exécutés à cet égard dans le précieux mémoire joint à ce rapport: *Faune invertébrée de la Mer Glaciale de Sibérie.* Enfin, le lieutenant Nordquist s'est consacré avec un zèle tout particulier à l'étude et à la conservation des mammifères, des poissons et surtout des oiseaux que nos chasseurs et les Tchouktches des villages environnants nous apportaient journellement pendant le printemps et l'été.

La connaissance acquise dans mes voyages précédents et en étudiant ceux des autres, avait fait naître en moi l'idée erronée que la même faune ornithologique se rencontrait sans modifications bien grandes dans toutes les terres polaires de l'Europe, de l'Asie et de l'Amérique. L'expérience fournie par l'Expédition du *Véga* montre que ce n'est nullement le cas, et que la pointe nord-est de l'Asie, la péninsule tchouktche, forme à cet égard une exception complète. Les oiseaux y sont bien moins nombreux, mais présentent une beaucoup plus grande variété de types qu'à la Nouvelle Zemble, au Spitzberg et au Grœnland, et ils impriment un caractère tout différent au monde ornithologique dans son ensemble. Il est vrai que l'on rencontre aussi sur la presqu'île tchouktche le goëland bourgmestre (*Larus glaucus*), la mouette blanche ou le sénateur (*Larus eburneus*), la mouette à trois doigts (*Larus tridactylus*), le canard de Miquelon (*Harelda glacialis*), l'eider royal (*Somateria spectabilis*) [1]), le bruant des neiges (*Plectrophanes nivalis*), le phalarope gris (*Phalaropus falicarius*), le bécasseau violet (*Tringa maritima*), le corbeau commun (?), et une foule d'autres types communs au Grœnland, au Spitzberg, à la Nouvelle Zemble ou aux côtes de la Sibérie du NO.

Mais l'on trouve en outre ici une quantité inattendue d'espèces particulières, comme par exemple l'eider américain; une oie cygniforme, toute blanche

---

[1]) L'eider commun (*Somateria mollissima*) manque ici ou est du moins excessivement rare.

avec les pennes des ailes noires, une oie gris-brun à épais plumage blanc jaunâtre sur la nuque; une macreuse *(Fuligula)*, brillamment dessinée en noir velouté, blanc et vert sur la tête; la belle et rare mouette de Rossi *(Larus Rossi)*; une bécasse à bec élargi en cuiller à la pointe; divers chanteurs, tels que le bec-fin d'Eversmann *(Sylvia Eversmanni)*, qui se montra quelques jours par grands vols le long de la côte, probablement en se rendant à ses stations de ponte plus au nord, ou aussi en attendant que les fourrés d'arbrisseaux de l'intérieur fussent dépourvus de neige. En outre, une partie de vrais types scandinaves se distinguent, suivant le lieutenant Nordqvist, par des différences peu considérables de couleur, de dimension, etc.

Autant qu'il soit possible d'en juger par les ouvrages dont nous disposons, plusieurs des oiseaux collectionnés sur la presqu'êle tchouktche paraissent être nouveaux pour la faune sibérienne. Quand les masses de peaux et de squelettes et les annotations recueillies auront été soumises à une étude plus complète, j'espère que M. Nordqvist sera à même de fournir un précieux contingent à la connaissance de la faune de la Sibérie dans ce domaine si attrayant pour le naturaliste comme pour le chasseur.

La faune mammifère est également plus riche en espèces que dans les régions arctiques précédemment visitées par nous. Ce fait trouve son explication toute naturelle dans la circonstance que la presqu'île tchouktche n'est que la continuation d'un grand continent fertile et richement boisé, depuis lequel les immigrations vers le nord ne rencontrent aucun obstacle. Je crois cependant devoir réserver à plus tard un exposé détaillé de cette faune.

Les animaux supérieurs qui osent braver avec le navigateur arctique le froid et l'obscurité de la nuit polaire, présentent pour lui une attraction toute spéciale. Voici ce que le lieutenant Nordqvist me communique à ce sujet:

«Le lièvre est le mammifère que l'on voit le plus souvent en hiver sur la côte septentrionale de la presqu'île tchouktche. Il se distingue du lièvre alpin ordinaire de la Scandinavie (*Lepus borealis* LILJEBORG) par ses dimensions plus considérables [1]), et par l'amincissement moins rapide de son os nasal. On rencontre ce lièvre par groupes de 5 ou 6 individus sur les collines recouvertes seulement d'une mince couche de neige, dans le voisinage des tentes, malgré les troupes de chiens affamés qui y rôdent.

»Les isatis (*Vulpes lagopus* L.) sont fort nombreux. Le renard commun (*Vulpes vulgaris* GRAY), paraît aussi être fréquent. Un renard rouge, que le lieutenant Brusewitz tua en octobre depuis le navire, différait sensiblement du renard commun et se rapprochait à bien des égards du renard arctique. La nourriture des renards paraît se composer en hiver de lièvres, de lagopèdes ou perdrix des neiges et de lemmings. J'ai vu deux ou trois fois des trous de 3 à 4 pieds ($0^m,89$ à $1^m,19$) de profondeur, mais ne dépassant pas 1 pied (30^{mm}) de largeur à l'orifice,

---

1) Le poids s'en élève souvent jusqu'à près de 6 kilogrammes.

que les Tchouktches m'assurèrent avoir été faits par des renards en quête de lemmings.

»Pour ce qui concerne ces derniers, j'en ai vu ici trois espèces: le lemming de l'Obi *(Myodes obensis)*, le lemming à collier (*M. torquatus*) et le type *Arvicola obscurus*. On doit trouver en outre, au dire des Tchouktches, une petite souris, selon toute probabilité une musaraigne (*Sorex*). Je reçus pour la première fois le lemming à collier le 12 Janvier, et le lemming de l'Ob le 13 Février. Ces deux espèces furent ensuite souvent apportées par les Tchouktches, et il ne fut pas rare, pendant l'hiver, de voir des lemmings courir sur la neige. Celui de l'Ob paraît être notablement plus nombreux que son congénère. Une circonstance assez étrange, c'est que des 10 exemplaires reçus dans le courant de l'hiver, les 9 que j'ai vus étaient des mâles. Tous les exemplaires avaient, aux deux ongles médians des pattes antérieures, les ongles doubles caractéristiques de cette espèce, dus au prolongement des tubercules plantaires.

»Si les deux lemmings se montrent souvent en hiver au-dessus de la neige, ce n'est pas le cas de l'*Arvicola obscurus*. Le 8 Mai, il m'en fut apporté huit exemplaires du village de Tjapka, situé entre Yinretlen et le détroit de Bering. Je reçus plus tard un autre exemplaire du village d'Irgounnouk, 5 milles anglais à l'Est de Yinretlen.

»Les mammifères terrestres dont l'hivernage est plus rare dans ces contrées, sont le loup, que nous ne vîmes que deux ou trois fois, et le renne sauvage. Le 23 Mars, nous aperçumes des pistes de ce dernier dans la région montagneuse situé entre 15—20 milles anglais au sud de Yinretlen. Au dire des Tchouktches, quelques rennes seulement passent l'hiver sur les montagnes de la côte, tandis que la majeure partie émigrent plus loin vers le sud. Il reste à signaler deux autres mammifères hivernant sur ce point, l'ours et la marmotte (*Arctomys* Sp.). Nous ne vîmes pas d'ours terrestre; mais le lieutenant Hovgaard et moi, nous aperçûmes des pistes d'ours le 8 Octobre, à 2—3 milles anglais de la côte. Les Tchouktches disent que cet animal n'est pas rare en été. Quant à la marmotte, elle est nombreuse. Le 26 Mai, un Tchouktche m'en apporta pour la première fois un exemplaire à bord, et le jour suivant, je vis moi-même une marmotte au sommet d'une petite colline, où elle avait son nid.

»Enfin, les Tchouktches m'ont fait mention d'un animal qu'ils nommaient «Nännät» et qui vit sur les rives des eaux courantes. D'après leur description, ce ne peut guère être que la loutre commune. Comme presque dans toutes les localités, où les lemmings sont nombreux, on rencontre également ici la belette (*Mustela vulgaris*), dont j'ai reçu deux peaux par l'intermédiaire des indigènes. Je ne puis dire avec certitude si l'hermine vit dans ces régions, mais c'est probable, les Tchouktches m'ayant parlé d'un mustélidé ayant le bout de la queue noir.

»Nous n'avons vu pendant l'hiver que deux mammifères marins, le phoque annelé (*Phoca foetida*) et l'ours blanc. Deux fois, des pistes d'ours blanc ont été tracées au voisinage de la terre. Il paraît toutefois se tenir de préférence au voisinage des ouvertures libres dans la glace, à une certaine distance de la côte; deux de ces animaux y furent tués pendant notre séjour par des Tchouktches des villages voisins. Le phoque annelé est probablement le seul phocide que l'on rencontre ici pendant l'hiver. Il est pris en grand nombre et forme avec le poisson et quelques végétaux la principale nourriture des indigènes.

»Trois espèces seulement d'oiseaux de terre hivernent dans la région. Ce sont la chouette blanche (*Strix nyctea*), le corbeau (*Corvus corax*) et le lagopède subalpin (*Lagopus subalpinus*). Ce dernier est le plus commun. Le 14 décembre, j'en vis, lors d'une course en traîneau dans l'intérieur, deux grands vols à environ 10 ou 12 milles anglais de la côte. L'un de ces vols comptait probablement plus de 50 individus. Près de la côte, surtout à l'approche du printemps, on ne rencontre au contraire généralement que des individus isolés.

»Le corbeau, commun autour des villages tchouktches, construit son nid dans les falaises voisines de ces villages. Nous reçûmes le premier œuf de corbeau le 31 mai. La chouette blanche fut aperçue la première fois le 11 mars, mais les Tchouktches assurent qu'on la rencontre tout l'hiver. Nous en vîmes quelques-unes en avril et en mai; le 21 de ce dernier mois, j'en aperçus deux.

»Les Tchouktches mentionnent la présence pendant tout l'hiver, dans les eaux ouvertes, de deux espèces de nageurs, le guillemot de Brünnich (*Uria Brünnichi*) et le petit guillemot (*Uria grylle*). Nous reçûmes des exemplaires de la première espèce le 1er mai et de la seconde le 19 du même mois. Les endroits ouverts sont peut-être aussi la station d'hiver d'une espèce de mergule, dont un individu arriva le 3 novembre à l'hivernage du *Véga*, et d'une macreuse (*Fuligula*) dont un exemplaire nous fut vendu le 9 Mars par un Tchouktche qui disait l'avoir tué près d'une ouverture en dehors de la côte.»

Immédiatement avant notre départ subit du port d'hivernage, je reçus des nouvelles certaines qu'il existait des os de mammouth dans un talus de rivière à quelques dizaines de kilomètres du côté de l'intérieur. Suivant le conseil de quelques Tchouktches, je franchis immédiatement la lagune en bateau et remontai une rivière considérable jusqu'au point indiqué. Le peu de profondeur de l'eau m'empêcha d'arriver au but de cette façon et je dus m'en retourner. Revenu au *Véga*, le temps me manqua pour faire, dans le but d'examiner l'endroit en question, une excursion qu'aurait rendue très lente la quantité de rivières intermédiaires à traverser. Je me procurai deux belles défenses par échange avec les indigènes; mais à cette exception près, pendant la longue course du *Véga* le long de l'immense étendue des côtes nord de la Sibérie, l'Expédition n'a pas vu trace des vestiges des grands animaux terrestres qui, on le sait, parcouraient jadis en si grande quantité ces régions.

En revanche nous rencontrâmes des masses de débris de baleine sur les rivages de la péninsule tchouktche. Afin de mettre à notre retour les zoologistes à même de déterminer les espèces que l'on rencontre ici, je fis, dès l'automne, réunir une foule de pièces propres à l'identification, mais je m'attachais relativement peu à cette époque à la localité et aux circonstances de la trouvaille, croyant qu'il n'était ici question que de débris de baleine tuées dans le courant des dernières années par les indigènes ou par les baleiners américains. Mais, quand l'été fut arrivé et que la neige eut fondu de façon à permettre une exploration plus minutieuse du lieu de la trouvaille, nous découvrîmes que la grande majorité des os de baleine rencontrés aux environs immédiats du port d'hivernage, devaient être subfossiles, c'est-à-dire enfouis déjà depuis des siècles dans les couches de sable où on les rencontre actuellement. Cette circonstance fut corroborée par les déclarations des indigènes des villages voisins qui nous apprirent du moins que de mémoire d'homme il n'avait pas échoué de baleine sur la côte. La présence de ces os revêtit de la sorte un plus grand intérêt; j'entrepris, par suite, avec le Dr Kjellman et à l'aide de la force de travail nécessaire, l'exploration plus complète d'une étendue de 4 à 5 kilomètres le long de la côte. Outre une quantité d'autres os, nous recueillîmes 30 occipitaux de balénides appartenant à 4 ou 5 espèces différentes, parmi lesquelles la baleine de Grœnland (*Balœna mysticetus*) ou une espèce voisine était la plus commune. Nous conservâmes un aussi grand nombre de ces os que les circonstances nous le permirent.

Quelques-uns des os en question attirèrent plus spécialement notre attention. C'étaient l'occipital bien conservé d'une grande baleine de Grœnland avec quelques os brachiaux et des vertèbres. Les os avaient évidemment appartenu au même animal, et ils étaient encore recouverts d'un immense pan de peau ratatinée par la dessication, sans trace de chair ni de graisse. Les os adhéraient en partie, par la congélation, au sable subjacent et l'on constata, en les dégageant, qu'ils étaient encore partiellement recouverts, du côté de la glace, d'une chair rouge presque fraiche. Je considérai d'abord comme un fait hors de doute, que nous avions devant nous les restes d'une baleine récemment échouée. Les renseignements que je reçus à cet égard des indigènes, paraissent toutefois indiquer que cela n'avait pas eu lieu de mémoire d'homme. Malheureusement, cette tête était l'un des rares os de baleine qui n'étaient pas enlités dans le sable de la dune et qui se trouvaient sur la rive même, dans des circonstances empêchant de décider s'ils avaient été récemment refoulés de la mer par l'agence de la glace ou tout aussi récemment mis à nu par celle des vagues. Il n'est cependant pas improbable, selon moi, que la baleine en question ait été enfouie pendant des siècles dans le sable. Ce serait en ce cas un nouvel exemple de la longueur du temps durant lequel les matières animales gelées peuvent se maintenir sans entrer en putréfaction.

On sait que sur une étendue considérable de la Sibérie, même fort loin vers le sud, on trouve sous la surface du sol l'année durant des couches puissantes de terre gelée, qui, malgré cela, peut souvent être couverte de magnifiques forêts. Lesdites couches ont été l'objet d'explorations spéciales, surtout de la part de Middendorff, qui a traité en détail et de main de maître, dans son Voyage de Sibérie, cette question dont l'étude constituait l'une des principales données du voyage. On rencontre, dans l'Amérique polaire, des circonstances identiques, auxquelles le célèbre voyageur arctique J. Richardson a consacrées des recherches spéciales. La Sibérie n'ayant jamais été recouverte d'une couche glaciaire continue, et comme il est hors de toute contestation qu'une terre gelée semblable manque totalement dans bien des pays possédant un climat beaucoup plus froid que celui d'une partie des régions dont il est question ici, l'origine de ces couches de terre, souvent de plusieurs centaines de pieds de puissance, paraît être des plus mystérieuses à bien des égards.

Elle dépend probablement de la réunion d'une foule de circonstances encore inconnues, parmi lesquelles une basse température moyenne annuelle joue peut-être un moindre rôle que bien d'autres phénomènes naturels, comme par exemple la propriété de l'eau de pouvoir se tenir quelque temps refroidie sensiblement au-dessous de son point de congélation sans se transformer en glace, et de la capacité qui en résulte pour elle d'être, à certaines époques de l'année, un conducteur du froid à des couches terreuses situées à de grandes profondeurs. Il faudra assurément une quantité de recherches nouvelles avant que le géologue trouve complètement la clef de ce phénomène. Il y a par suite une importance d'autant plus grande à suivre la création de formations semblables à l'époque actuelle. Je crois donc que l'indication ci-dessous, de la manière dont ces couches sédimentaires marines gelées peuvent se former à l'heure présente, même dans des localités remarquables par la chaleur et la beauté de leur climat, je crois, dis-je, que cette indication ne sera pas sans quelque valeur pour les savants.

Dans mon rapport sur l'Expédition maritime de 1875 au Yénisséi, je disais, relativement à la Mer de Kara: «La température et la salure varient beaucoup à la surface. Pendant une suite non interrompue de jours d'été calmes et tranquilles, l'eau chaude, légère et pure de sel, des puissants bassins fluviaux de l'Ob et du Yénisséi, se répand sans obstacle à la surface de la mer. S'il n'y a pas de glace dans le voisinage, le thermomètre s'élève jusqu'à une température de + 10 ° et parfois même au delà. L'eau est alors assez pauvre en sel pour être parfaitement potable. Le voisinage de la glace fait toutefois descendre rapidement la température à 0 °; le même effet est produit par une tempête, les vagues mélangeant l'eau chaude de la surface avec l'eau froide du fond. Alors l'eau de la surface devient salée et impotable. Cependant, déjà à une profondeur de quelques brasses seulement, la température et la salure de la Mer de Kara sont parfaitement constantes, la température se tenant, même au jour d'été le plus chaud comme probablement aussi au jour d'hiver le plus froid, entre — 1 ° et — 2 °.» — Dans un autre mémoire sur la même matière, j'appelai l'attention sur la circonstance curieuse que l'eau superficielle de cette mer est souvent un poison mortel pour les animaux vivant au fond, et que le contenu d'une bouteille remplie de cette eau se congèle promptement si l'on expose la bouteille au degré de froid de l'eau à quelques brasses plus profond. Ce que je disais alors de la Mer de Kara peut désormais être appliqué à toute la Mer Glaciale de Sibérie, grâce aux nombreuses mesures faites pendant l'Expédition du Véga, principalement par le lieutenant Bove.

Il y a lieu de se rappeler à cet égard qu'il n'est pas question ici d'une couche d'eau en surfusion, c'est-à-dire refroidie au-dessous de son point normal de congélation, couche qui se forme, pendant un court espace de temps à certaines époques de l'année, dans des régions restreintes des côtes scandinaves, mais bien d'une couche d'eau salée refroidie sous le point de congélation de l'eau douce, sans l'être sous son point de congélation à elle.

Malgré cette température basse l'année durant, et de près de 2 degrés au-dessous de la température de l'eau douce, le fond de la mer polaire fourmille de vie animale. On rencontre entre autres partout le long des rivages, des légions innombrables d'un petit crustacé qui se jette avidement sur tout ce qui est mangeable. Nos zoologistes profitèrent de cette circonstance pour leurs opérations de squelettage. Le Dr Stuxberg remarqua souvent à cette occasion que la truble se fixait au fond par la congélation et le lieutenant Nordqvist trouva qu'un sac percé au moyen duquel il descendait dans l'eau un squelette de renne pour le nettoyer ou pour faire ronger les parties charnues restantes par les crustacés en question, était, en remontant à la surface, rempli d'un gâchis de glace dans laquelle des milliers de petits animaux avaient trouvé la mort. Je croyais d'abord que cela dépendait de la présence d'eau en surfusion au fond de la mer; mais une mesure directe montra que cette idée était erronée. La formation de glace dans la truble ou dans le sac, avait par suite dû dépendre du fait qu'à la descente, ces récipients entraînaient avec eux des quantités plus ou moins grandes de l'eau presque douce de la surface. Il ne se formait en effet plus de glace si, avant la descente définitive, l'engin était plongé à plusieurs reprises dans l'eau salée, moins refroidie, entre la surface et le fond. Tout le sable et toute la vase [1]) qui descendent de la surface au fond, agissent assurément à peu près de la même façon que la truble, c'est-à-dire qu'ils entraînent au fond l'eau douce qui s'est fixée à la surface du sable ou du grain de vase. Elle se transforme alors en glace, et c'est ainsi qu'il se produit une couche de fond gelée, s'augmentant, si les circonstances sont favorables, d'année en année jusqu'à ce qu'elle atteigne une énorme épaisseur. La débâcle, quoique fort tardive, comme on l'a vu, à notre port d'hivernage, fut cependant subite et se présenta dans des circonstances telles, qu'il n'était guère prudent de rester sans raisons majeures au milieu des champs de glace flottant le long de la côte. Nous ne pûmes donc utiliser les engins déjà préparés à

---

[1]) L'argile fine ne gèle pas, suivant toute probabilité par suite du développement de la chaleur dans les modifications chimiques que subissent diverses matières organiques renfermées dans cette argile.

l'effet de nous procurer des échantillons du fond gelé. Je n'en ai pas moins la conviction que le fond de sable dur comme du roc, dont les dragueurs s'étaient si souvent plaints, se composait en réalité de grès avec de la glace pour ciment et je tiens pour probable qu'une partie des couches meubles de la Sibérie ont été gelées de cette façon. Je crois cependant devoir ajouter expressément que je ne considère en aucune façon que ce soit la seule cause à laquelle les formations de cette nature doivent leur origine.

Je pourrais encore citer diverses autres observations connexes avec celles qui précèdent, mais pour ne pas donner une plus grande étendue à ce rapport déjà si long, je renvoie aux mémoires qui seront imprimés dans des revues scientifiques sur cette matière intéressant l'histoire la plus récente du globe et je passe à la continuation du récit du voyage proprement dit.

Après avoir levé l'ancre ou plus exactement retiré les amarres qui avaient retenu le *Véga* au glaçon échoué, son fidèle et unique abri contre les violentes tempêtes et la presse des glaces, notre navire fit vapeur jusqu'à quelques kilomètres dans la direction du NO. pour éviter des banquises et s'avança ensuite le long des côtes vers la pointe orientale de l'Asie, East Cape. Notre navigation ne fut plus entravée par la glace, mais bien par la brume qui nous empêcha de distinguer nettement l'aspect du littoral assez élevé en cette région.

Le brouillard se dissipant de temps en temps, nous aperçumes en beaucoup d'endroits des rochers en forme de ruines, semblables à ceux que nous avions rencontrés tant de fois sur la côte N. de l'Asie orientale. On eût dit d'anciennes villes aux palais et aux temples sans nombre, hauts de centaines de mètres et d'une étendue sans bornes. C'est là le seul le trait pittoresque de la nature qui s'est offerte à nos regards pendant tout notre voyage. Sous le rapport de la beauté, les côtes septentrionales de la Sibérie sont beaucoup moins bien partagées que le Spitzberg avec ses fiords profonds, qu'entourent des montagnes escarpées, noires et admirablement dessinées, où brillent des glaciers d'une blancheur éclatante ou d'un bleu d'azur. Des glaciers de l'époque actuelle ou passée n'ont pas non plus découpé la côte asiatique septentrionale en autant de fiords et de rochers que le Grœnland, le Spitzberg et le N. de la Norvège. Sur toute l'immense étendue comprise entre la mer Blanche et le détroit de Bering, il ne se trouve par exemple actuellement pas un seul glacier et la côte N. de la Sibérie est presque dépourvue de glace ou de neige en automne. C'est seulement sur les hautes montagnes des rives orientales de la presqu'île de Taïmour et entre le détroit de Bering et le cap Yakan qu'on aperçoit des vallées remplies de neige jusque vers la fin de l'automne et il n'est pas certain que l'une d'entre elles serve de lit à un vrai glacier. Ce dernier devrait en tous cas être extrêmement peu considérable et se terminer à une grande hauteur au-dessus du niveau de la mer. On ne trouve pas non plus de vraies cimes neigeuses ou de crêtes couvertes de neige toute l'année, bien qu'une partie des montagnes (par exemple celles des bords O. de Kolioutchin-bay) atteignent une altitude de 600 mètres et au-delà. Si la notion de la limite des neiges éternelles empruntée à l'étude des montagnes de régions plus méridionales peut s'appliquer strictement aux contrées du haut Nord, question qui ne doit pas être aussi péremptoirement tranchée qu'on le pense, il faut placer cette limite pour la côte N. de l'Asie à une altitude de 500 mètres.

Cet état de choses a été évidemment le même autrefois. C'est la raison pour laquelle les côtes ne sont pas découpées en fiords et c'est aussi ce qui explique pourquoi l'on n'y rencontre qu'exceptionnellement des montagnes assez abruptes vers la mer pour servir de lieux propres à la ponte aux *Alca*, *Uria grylle*, *Larus tridactylus*, etc. [1]) . . . . . .

Pour les mêmes raisons, la côte N. de la Sibérie est dépourvue de ces petits îlots qui se prêtent à la couvaison par le fait que la glace qui les entoure se détache si tôt, que les oiseaux peuvent y vivre sans crainte des attaques du renard. Nulle part nous n'y rencontrâmes par exemple un lieu propre à la couvée comme aux îles de Dun à l'entrée de Hornsund. Aussi ne manquait-on pas de regretter la surabondance

---

[1]) Pendant toute notre navigation le long de la côte N. de la Sibérie, je n'ai vu de vraies montagnes à oiseaux qu'à l'île de Préobrajenni à l'embouchure de la Khatanga et à Irkaïpiïe. Un nombre considérable d'*Alca* et de *Larus tridactylus* nichaient dans la première localité et de cormorans dans l'autre. Il faut ajouter que les espèces de *Mergulus* de la mer de Bering nichent probablement en masses dans les monceaux de pierres des versants des montagnes d'East Cape.

d'œufs que l'on rencontre ordinairement dans les régions arctiques et qui apporte à ceux qui hivernent un changement si sain et si agréable dans le régime des conserves. En revanche, une grande quantité d'oiseaux s'envolèrent au printemps au-dessus de notre quartier d'hiver pour se rendre vers le Nord. On peut en conclure qu'entre la terre de Wrangel et les îles polaires de l'Amérique, il doit se trouver de vastes étendues de terre avec de hautes montagnes, des vallées remplies de glaciers et des cimes escarpées.

La pointe orientale de l'Asie fut doublée le 20 Juillet à 11 heures du matin: le *Véga* arbora son pavillon et fit le salut suédois. Enfin il était atteint, ce but poursuivi par tant de nations depuis que Sir Hugh Willoughby quitta le port de Greenwich le 20 Mai 1553 au bruit du canon et des hourrahs des matelots en grande tenue. Les vaisseaux portaient les noms caractéristiques d'*Esperanza*, *Edvard Bonaventure* et *Bona Confidentia* et Willoughby était si certain de réussir que pour les protéger contre les pholadides de la mer des Indes, il les avait fait doubler de plomb, ce qui n'avait jamais été l'usage en Angleterre. Au fond, c'était la première fois que les Anglais tentaient de faire voile pour l'Océan Pacifique. Les choses tournèrent bien mal, on le sait, pour Sir Hugh et la plupart de ses compagnons si assurés du succès, mais ils eurent néanmoins l'honneur de frayer la voie à la navigation de leurs compatriotes.

Depuis lors, une foule d'expéditions maritimes sont parties de divers pays pour suivre la même route, toujours sans succès et d'ordinaire au prix de la perte des vaisseaux et de la vie ou de la santé des hardis navigateurs. Aujourd'hui seulement, après que 326 ans s'étaient écoulés et que la plupart des hommes compétents avaient déclaré l'entreprise impossible, le passage du Nord-Est était enfin réalisé. Et il s'est effectué, grâce à l'esprit d'ordre, au zèle et à l'habileté de nos marins et de leurs chefs, sans que nous ayons à déplorer la perte d'un seul homme, sans préjudice à la santé de ceux qui participèrent à l'Expédition, sans le moindre dommage au navire. Cela a eu lieu dans des circonstances qui prouvent que la même entreprise peut se renouveler en quelques semaines presque toutes les années, sinon peut-être toutes absolument. On voudra bien nous pardonner si alors nous avons vu avec un certaine fierté notre pavillon azur et or flotter au haut du grand mât sous les salves du canon suédois, dans le détroit où l'Ancien Monde et le Nouveau cherchent à se tendre la main. Il est vrai que la route que nous venons de parcourir n'est plus nécessaire comme voie commerciale entre l'Europe et la Chine. Mais il a été accordé aux Expéditions suédoises — à celle-ci et à celles qui l'ont immédiatement précédée — d'ouvrir un océan à la navigation et d'offrir à presque la moitié d'une partie du monde la possibilité de communications maritimes entre les océans qui la baignent.

Du Cap Oriental nous nous dirigeâmes d'abord sur la baie de de Saint-Lawrence, fiord assez considérable qui s'avance dans la presqu'île des Tchouktches, à quelque distance au S. du détroit de Bering. Le calcul qui fut fait alors des provisions que nous avions pour naviguer dans l'Océan Pacifique nous montra que nous possédions encore à bord 4,000 pieds cubes de charbon et des denrées pour un an.

Dans le mémoire sur la vie des Tchouktches du littoral que j'envoie en même temps que cette relation de notre voyage, j'énumère les villages ou campements tchouktches qui se trouvent entre Tchaounbay et East Cape. Ces renseignements ont été recueillis par le lieutenant Nordquist, en interrogeant une foule de conducteurs de chiens qui étaient venus se reposer un instant à bord pendant l'hiver. Ils finissaient toujours leur énumération par le village d'Ertryn, situé immédiatement à l'O. d'East Cape, en disant qu'un autre peuple habite plus loin à l'E. et au S. Cela concordait aussi avec les données ordinaires fournies par les ouvrages qui traitent de l'ethnographie de ces régions. Suivant leurs auteurs, le reste fort peu nombreux d'une peuplade parente des Esquimaux, les Onkilones, qui habitait autrefois tout le pays tchouktche, devrait demeurer encore sur le côté asiatique du détroit de Bering et à l'embouchure de l'Anadyr. Pendant qu'une brume épaisse nous obligeait à n'avancer qu'avec précaution dans le voisinage d'East Cape, 20 à 30 indigènes montés dans un grand canot de peau ramèrent jusqu'au navire. Nous les accueillîmes avec plaisir, empressés de faire connaissance avec une peuplade nouvelle pour nous. Ils n'avaient pas plus tôt grimpé par-dessus les bordages que nous les reconnûmes pour de vrais Tchouktches, dont bon nombre même avaient été nos hôtes à bord. Les *Ankali*, dirent-ils, ne se rencontrent que plus loin vers la baie St Lawrence.

Le lendemain, mouillant à l'entrée de cette baie, nous reçûmes comme d'habitude la visite des indigènes et allâmes voir leurs tentes à terre. Ils parlaient encore le tchouktche, mêlé de quelques mots étrangers, habitaient des tentes construites d'une manière un peu différente de celles des Tchouktches et leur figure semblait aussi avoir un caractère divergent. Eux-mêmes prétendaient appartenir aux peuplades guerrières dont le pouvoir s'étendait jadis sur la côte septentrionale, mais il nous apprirent que le peuple que nous cherchions se trouvait un peu au S. Quelques jours après, nous jetions l'ancre à Konyambay (64° 49′ lat. et 172° 58′ long. O. de Greenwich). Là encore nous ne rencontrâmes que de vrais Tchouktches, c'est-à-dire des propriétaires de rennes. En cas que des Esquimaux aient demeuré autrefois non seulement à l'embouchure de l'Anadyr mais encore à East Cape, il semblerait que leur nationalité se fût totalement confondue dans des temps plus récents avec celle des Tchouktches dans la région dont je viens de parler. Il est certain qu'on ne les a pas fait émigrer de force dans les cinquante dernières années. Il faut ajouter que le nom d'*Onkilone*, reçu par Wrangel pour l'ancienne population côtière chassée par les Tchouktches, est évidemment parent du nom

Ankali, par lequel les Tchouktches nomades désignent actuellement leurs compatriotes du littoral.

Les questions qui se rattachent à ce sujet ont une valeur ethnographique, en tant que pour admettre la migration des Esquimaux d'Asie en Amérique par le détroit de Bering ou la terre de Wrangel, il faut tout d'abord prouver que la côte NE. de l'Asie a été jadis habitée par des Esquimaux. Pour éviter tout malentendu, j'ajouterai que, d'après des auteurs russes très dignes de foi, des tribus de vrais Esquimaux demeurent encore aujourd'hui à l'embouchure de l'Anadyr et peut-être à Tchouktskoï Nos, et que les auteurs anglais qui rapportent les Esquimaux et les Tchouktches à une seule et même peuplade, sont complètement dans l'erreur. Le lieutenant Nordqvist a recueilli avec une grande persévérance une liste d'environ 1,000 mots tchouktches et un échantillou suffisant pour faire reconnaître le dialecte parlé par les indigènes de la côte américaine. L'étude attentive de ces nomenclatures prouve que ces derniers sont des Esquimaux purs, avec lesquels on pouvait se faire comprendre pour les échanges par exemple en se servant du vocabulaire publié dans l'*Arctic Geography and Ethnology* (Londres, 1875), mais que les Tchouktches parlent une tout autre langue, moins étrange que celle des Esquimaux à notre oreille et selon nos idées des traits principaux de la structure d'une langue. Je ne serais même pas étonné si le philologue, étudiant les nomenclatures en question, trouvait que la langue tchouktche est plus apparentée avec l'une des langues des peuples de l'Iran qu'avec les dialectes en usage chez les autres tribus polaires de l'Asie et de l'Amérique. Une preuve singulièrement remarquable du genre de vie identique qu'un climat analogue et une même lutte pour l'existence imposent à des peuplades toutes différentes, en même temps que de l'impossibilité de conclure des rapports de parenté d'une tribu en s'appuyant sur la nature des instruments qu'elle emploie, cette preuve, dis-je, est fournie par la parfaite conformité des ustensiles de ménage des Tchouktches et des Esquimaux. On peut affirmer sans crainte d'être démenti que ces deux peuples voisins ont dans leurs tentes un plus grand nombre d'instruments exactement semblables que de mots communs dans leurs langues.

Mon intention était d'avancer autant que possible dans la baie de Saint-Lawrence pour procurer à nos naturalistes l'occasion d'achever leurs études de la nature de la presqu'île tchouktche commencées en automne 1878 et au printemps de 1879. Mais arrivés à cette baie, nous la trouvâmes encore si obstruée de glaces que le *Véga* dut ancrer près du village de Nounamo, situé immédiatement au N. de l'entrée du fiord. De vastes banquises, mais fort minces et rongées, flottèrent en si grandes masses devant le navire qu'il n'eût pas été prudent de rester dans cette localité plus qu'il n'était absolument nécessaire. Nous n'y séjournâmes donc que jusque dans l'après-midi du 21 Juillet.

Le campement de *Nounamo* ne se trouve pas, comme les villages tchouktches que nous avions déjà vus, sur la plage même, mais assez haut sur un promontoire entre la mer et un fleuve qui débouche en cet endroit et que gonfle la fonte des neiges. Tout près du rivage s'élève une montagne passablement haute dont les versants sont couverts d'éboulis où nichent de nombreuses marmottes et des *Nagomys alpinus* [1]). La montagne était séparée de la mer par une falaise étroite, haute de 15 à 30 mètres, sur laquelle était dressée une dizaine de tentes et qui faisait alors briller une riche parure de fleurs. . . . . En quelques heures, le Dr Kjellman recueillit sur un espace de quelques ares une centaine d'espèces de fleurs, entre autres une foule de formes qui n'avaient pas été rencontrées sur la presqu'île tchouktche.

Les versants des montagnes montraient encore de grandes étendues couvertes de neige et des sommets on pouvait voir que des masses considérables de glace continuaient à flotter près de la rive asiatique au-delà du détroit de Bering. Le Dr Stuxberg gravit la cime d'une montagne voisine. Il trouva le cadavre d'un indigène déposé sur une tombe de forme tchouktche. A côté du mort il remarqua une capsule cassée, des javelots, des flèches, un briquet, une pipe, un écran ou visière contre la neige, un tamis pour la glace (ustensile dont on se sert pour enlever le gâchis de glace lorsque l'on fend des trous dans la masse solide) et d'autres objets encore qui avaient paru nécessaires au défunt dans un monde meilleur. Le cadavre était resté là depuis l'été passé au moins, mais la pipe provenait évidemment d'une des nombreuses pipes d'argile de Hollande que nous avions distribuées à

---

1) Ce rongeur, congénère du lièvre sous certains rapports et de la dimension d'un grand rat, est remarquable par le soin qu'il apporte à amasser en été des provisions pour l'hiver.

bord du *Véga* aux indigènes qui nous visitaient. Elle doit donc avoir été déposée bien après l'enterrement. Dans d'autres pérégrinations le long de la côte, le Dr Stuxberg eut la fortune de trouver des tombeaux indigènes et il a rassemblé ses observations dans un article: *Des tombeaux chez les Tchouktches et chez les Esquimaux*, qui sera peut-être inséré dans les Actes de la Société d'Anthropologie et de Géographie.

Comme je l'ai dit plus haut, les tentes de Nounamo étaient construites d'une manière un peu différente de celles des Tchouktches. En effet, la carcasse de toutes les tentes que j'aie vues sur la côte septentrionale se composait d'un agencement d'éclisses de bois ingénieusement assemblées et étayées avec des pierres ou des sacs de sable. A Saint-Lawrence au contraire, le squelette des tentes était formé en grande partie d'os de cétacés. La tenture de peau de phoque était tendue au pied par exemple sur des côtes et des mâchoires inférieures de baleine, enfoncées dans le sol comme des pieux; les pieux étaient souvent réunis en haut au moyen de tringles fournies par les côtes de cétacés et de là partaient d'autres lattes de même nature ou de fanons jusqu'au sommet de la tente; pour empêcher le vent d'enlever cette tenture, les bords étaient chargés d'os de baleine. A défaut de bois flotté et pour épargner l'huile de poisson, on employait comme combustrible les os de balénides et de phocides imprégnés de graisse. Des os de cétacés étaient creusés pour servir de lampes et dans plusieurs âtres en dehors des tentes, la marmite était suspendue au milieu d'une côte de baleine fortement arquée et plantée en terre. L'entrée des caves où les indigènes conservent la graisse dans le voisinage des tentes était ordinairement fermée par une omoplate de baleine, des lames de fanons ou des morceaux de mâchoire inférieure et les côtes plus droites servaient à faire des patins de traîneau, des pelles ou des pioches pour briser la glace, tandis que les fibres de fanons et les tendons étaient employés à assembler les différentes parties des instruments, etc.

La chasse paraissait avoir été abondante pendant les derniers jours, à en juger par la quantité de chair noire de phoque et les intestins gonflés qu'on avait étalés près des tentes pour les faire sécher, ainsi que par les morceaux de viande sanglante, conservés çà et là dans l'intérieur de manière à vous donner des nausées. La plupart des phoques capturés étaient des *Phoca fœtida*, mais nous vîmes aussi des restes de *Phoca nautica*. Je suppose que les zoologues de Suède apprendront avec plaisir que l'Expédition s'est procuré la peau et le crâne de cette espèce de phocide si remarquable par l'ornementation de sa peau et extrêmement rare.

A l'entrée de chaque tente, on apercevait de grands tas de branches vertes d'osier qu'entouraient des femmes et des enfants occupés à en manger les feuilles avec délices. En d'autres endroits les indigènes avaient amassé pour l'hiver des sacs pleins de feuilles de *Rhadiola* et d'une quantité d'autres herbes. Au fond, le nombre d'espèces de plantes et la quantité de substances végétales que les Tchouktches consomment crus en été ou amassent pour l'hiver ne laissent pas d'être fort considérables. C'est donc une erreur que de considérer ce peuple comme se nourrissant exclusivement d'aliments tirés du règne animal. Nous avons peut-être là un indice du genre de vie que menaient les peuples vivant dans l'âge de pierre ou du moins certains côtés qu'on a complètement négligés, et une étude attentive de cette question est en somme d'une grande importance pour juger de la manière de vivre de peuplades réellement sauvages. C'est donc avec une satisfaction particulière que j'ai vu le Dr Kjellman recueillir avec l'intelligence et la persévérance qui lui sont propres des matériaux aussi vastes que possible pour connaître les plantes potagères des Tchouktches et la manière de s'en servir. Cette matière se heurte à plus de difficultés qu'on ne le croirait, car il s'agit de déterminer avec exactitude non seulement des plantes entières mais encore une quantité de parties fort insignifiantes en elles-mêmes, de feuilles aigres, d'éléments de fleurs détachés, de morceaux d'écorces, de racines desséchées, etc.

De Nounamo nous mîmes le cap sur Port Clarence, situé sur le côté américain du détroit de Bering, et nous y jetâmes l'ancre dans l'après-midi du 22 Juillet, après avoir traversé une mer jonchée de glaces flottantes du côté de l'Amérique. Port Clarence, qui se trouve immédiatement au S. de la pointe la plus occidentale de l'Amérique, n'est pas un très grand port, mais il est excellent. *C'était le premier port digne de ce nom où le* Véga *mouillât depuis qu'il eut quitté Aktinia-hamn, dans l'île de Taïmour, le 18 Août 1878.* Pendant tout le temps qui s'est écoulé depuis cette dernière date, le *Véga* a toujours été ancré ou embossé dans des rades ouvertes, sans le moindre abri de terre contre les vagues et les vents venant de la mer. Mais grâce à l'intelligence et à la sagesse de son chef, le lieutenant Palander, ainsi qu'à l'habileté de ses officiers et de l'équipage, il est non seulement intact mais peut tout aussi bien tenir la mer que lorsqu'il quitta le port de Karlskrona.

Le Port Clarence est protégé contre la mer par une dune longue et basse sur le côté N. duquel se trouve une entrée commode et profonde. A l'intérieur du port débouche un fleuve considérable, dont l'embouchure s'élargit en un lac séparé du port extérieur par un isthme de sable. Ce lac forme un port intérieur dont l'entrée est trop peu basse cependant pour donner accès aux navires tirant beaucoup d'eau. Mais le fleuve même est profond et s'étend à environ dix-huit kilomètres de l'embouchure en un autre lac sur le bord intérieur duquel se dressent des montagnes fragmentées en aiguillons et hautes de 700 à 900 mètres. Au S. du fleuve et du port, le sol se précipite à pic sur le rivage en formant une falaise de 10 à 20 mètres, tandis qu'au N. la rive est basse en général; mais un peu plus loin à l'intérieur le sol s'élève subitement en collines de 180 à 200 mètres. Il n'y avait des monceaux de neige que dans les vallées et d'autres endroits à l'abri du soleil. On n'y voyait point de glaciers, bien qu'on eût pu s'attendre à en trouver sur le versant des hautes montagnes qui bornent à l'E. le lac intérieur. Il était également évident qu'une couche un peu large de glace n'avait pas non plus dû s'étendre ici dans les périodes qui précèdent immédiatement la nôtre. En effet, les excursions que nous entreprîmes ici dans différentes directions ne nous découvrirent nulle part de traces d'une époque glaciaire disparue.

Lorsque le *Véga*, entrant dans le port, s'approcha du cap York, pointe qui s'avance dans la mer à l'ONO. de Port Clarence, on put observer distinctement du pont que les hautes montagnes de ce promontoire étaient formées de roches stratifiées. J'espérai donc enfin pouvoir recueillir un assez bon nombre de pétrifications; mais à mon arrivée, je découvris que ces couches ne se composaient que de schistes cristallins sans aucun vestige d'animaux ni de végétaux fossiles. Nous ne trouvâmes pas non plus sur le rivage en cet endroit d'os de cétacés ni de restes de mammouth, qui sont rapportés de la baie d'Eschscholtz, située un peu peu plus au N.

Dès que l'ancre fut jetée, nous reçûmes la visite de grands canots de peau regorgeant d'hommes, de femmes, d'enfants, de chiens, de tentes et de mobilier. Une partie des indigènes était évidemment en route pour les pêcheries et les chasses où ils passent l'été. D'autres avaient dressé leurs tentes sur les rives du port intérieur ou du fleuve dont j'ai parlé. Les habitants étaient des Esquimaux, qui ne comprenaient pas un mot de tchouktche. Parmi eux il se trouvait cependant une femme tchouktche qui prétendit que des tribus de sa nation étaient également établies sur la rive américaine entre Point Barrow et le cap Prince of Wales. Quelques indigènes parlaient toutefois un peu l'anglais et l'un d'entre eux avait même été à San-Francisco et à Honoloulou. Nombre de leurs ustensiles rappelaient le contact des sauvages avec les Américains et les baleiniers. Il est juste de reconnaître que ces relations ont été à l'avantage des indigènes et servi à leur amélioration au point de vue moral.

La plupart habitaient des tentes de coton léger; quelques-uns étaient vêtus à l'européenne, d'autres continuaient à porter des pantalons de fourrure de phoque ou de renne et un pesque léger et moelleux fourni par la marmotte, par-dessus lequel en temps de pluie ils se recouvraient d'un vêtement de boyaux. La coiffure ressemblait à celle des Tchouktches. Les femmes étaient tatouées de quelques raies au menton. Un grand nombre d'hommes portaient des moustaches, tandis que quelques-uns avaient toute la barbe, mais elle était peu touffue. D'ordinaire ils avaient deux trous longs de 6 à 7 millimètres percés dans la lèvre au-dessous des coins de la bouche, pour y porter de grand morceaux d'os, de verre ou de pierre. Maint indigène avait de plus un trou semblable à l'avant de la lèvre. Une jeune fille portait une grande perle bleue suspendue au nez dont le cartilage était percé à cet effet. Elle eut cependant l'air bien embarrassé quand cet ornement attira sur elle l'attention de tout le monde. Toutes les femmes avaient des grains de perle aux oreilles. Elles portaient des bracelets de fer ou de cuivre analogues à ceux des Tchouktches. Le teint était peu foncé avec une rougeur distincte aux joues; les cheveux noirs ressemblaient à du crin; leurs yeux étaient petits, bruns, faiblement obliques, le visage plat, le nez petit et aplati à la racine; les lèvres percées n'étaient pas difformes lorsque, comme c'était le cas en général, elles n'étaient pas chargées d'ornements [1]). La plupart étaient de taille moyenne, avaient l'air sain et bien portant sans maigreur ni obésité frappantes. Les pieds et les mains étaient petits. Ces indigènes se distinguaient par une plus grande propreté que les Tchouktches; un certain goût de confort et d'ordre régnait dans leurs tentes, dont le plancher était couvert de nattes faites avec des plantes tressées.

Outre les instruments de toute nature fournis par les Américains, entre autres des fusils se chargeant par la culasse, des revolvers, des haches, etc., on se servait d'arcs et de flèches, de javelots pour la chasse aux oiseaux, de gaffes en os et de différents instruments de pierre. Les ustensiles de pêche en particulier étaient ingénieusement fabriqués avec différentes sortes d'os et de pierre, de perles de verre, de morceaux de peau rouge d'oiseaux, etc. que des fibres de fanons assemblaient sous la forme de certains insectes en guise d'appâts usités chez nous. Le feu se faisait avec un silex et de l'amadou ou à l'aide d'un trépan. Beaucoup d'indigènes se servaient aussi d'allumettes américaines. L'archet qui faisait tourner le trépan était souvent d'ivoire et richement orné de toutes sortes de figures se rapportant à la chasse.

Les instruments de ces Esquimaux étaient mieux façonnés et peints avec plus de goût que ceux des

---

[1]) Ce singulier usage tend à disparaître complètement ou du moins à se conformer à la coutume européenne de se percer les oreilles au lieu de la bouche.

Tchouktches. Ces indigènes étaient plus à leur aise et possédaient un plus grand nombre d'embarcations en peau (des *caïacs* et des *oumiacs*). Toutes les anciennes relations s'accordent à dire que les Tchouktches ont un jour été la puissance reconnue de toutes les autres peuplades sauvages de ces régions; mais tout nous montre aujourd'hui que cette grandeur n'est plus. Les tribus environnantes semblent cependant encore les entourer d'un certain respect.

Lorsque leur première méfiance eut disparu, les indigènes se montrèrent aimables, serviables, honnêtes, quoique enclins à mendier et très causeurs en faisant des échanges. Ils ne paraissaient pas se trouver de chef parmi eux; l'égalité était parfaite et la femme ne semblait pas occuper une position subordonnée à l'homme. Les enfants étaient polis et ce que nous appelons bien élevés, quoiqu'ils n'aient reçu aucune éducation. Tous étaient païens. Le défaut de temps et l'ignorance de la langue nous empêchèrent cependant de nous enquérir de leurs notions religieuses, si tant est qu'on puisse appeler de ce nom la grossière superstition à laquelle ils semblaient être attachés. Ils sont moins adonnés à l'eau-de-vie que les Tchouktches. D'ailleurs, tout commerce d'eau-de-vie avec les sauvages du côté des Américains paraît être prohibé et ici la loi est strictement observée.

Pendant notre séjour à la presqu'île tchouktche, nos ressources étaient médiocres en fait d'objets propres aux échanges. Aussi me fut-il alors souvent difficile d'engager un Tchouktche à renoncer aux articles de ménage que je désirais acquérir. Ici au contraire j'étais riche, grâce au superflu de notre équipement d'hiver. J'en profitai pour acheter une belle collection complète et choisie d'objets ethnographiques. Je nomme entre autres de jolies sculptures sur os, différentes pointes de flèche et d'autres instruments de pierre, fournis par une espèce de néphrite si étonnamment semblable à la néphrite bien connue de la haute Asie que je serais disposé à croire que ces instruments proviennent réellement de cette région.

Sur le côté nord du port, il y avait une ancienne fabrique d'huile de poisson aujourd'hui abandonnée et d'origine européenne ou américaine. Deux tombes d'Esquimaux se trouvaient dans le voisinage. Les cadavres avaient été placés sur le sol sans l'abri d'un cercueil, mais entourés d'une palissade formée d'une quantité de pieux de tente croisés et plantés en terre. Près d'un cadavre on voyait un caïac, un fusil double chargé, d'autres armes, des habits, un briquet, des chaussures pour la neige, des vases à boire, des masques et de monstrueux animaux sculptés sur le bois. Nous en remarquâmes de pareils dans les tentes. Ainsi derrière deux tentes, nous vîmes placés sur des poteaux d'1^{m},20 des oiseaux peints avec les ailes étendues, grossièrement taillés dans le bois. J'essayai de les acquérir en échange d'une grande couverture grise, article pour lequel je pouvais obtenir presque tout ce que je voulais, mais mes instances furent inutiles.

Pour montrer comme les Américains sont ingénieux à placer leurs marchandises, j'ajouterai que pendant notre séjour dans le port un Esquimau vint à bord nous montrer un papier imprimé par lequel une maison de commerce de San-Francisco offrait son assortiment de plomb de chasse aux *Sporting gentlemen* (les Esquimaux?) de Beringsund.

De même qu'en Europe, un courant marin chaud s'avance le long des côtes NO. de l'Amérique et y amène un climat beaucoup plus doux que celui qui règne sur le côté voisin de l'Asie. C'est pourquoi la limite des bois remonte en Amérique bien au-dessus du détroit de Bering, tandis que toute la presqu'île tchouktche semble dépourvue de bois. A Port-Clarence aussi la côte même n'a pas d'arbres, mais à quelques kilomètres vers l'intérieur on rencontre des buissons d'*Alnaster* hauts de 60 centimètres. De vraies forêts se trouvent probablement derrière les montagnes du littoral. Généralement parlant, la végétation était abondante et nous présenta une foule de formes identiques aux espèces du Nord scandinave ou congénères, entre autres la Linnéa. Le Dr Kjellman eut ainsi l'occasion de faire ici une récolte précieuse pour la comparaison avec la flore de la région voisine de l'Asie et d'autres contrées du haut Nord. Le Dr Almqvist recueillit également des matériaux très considérables pour déterminer les lichens jusqu'ici probablement inconnus pour cette localité.

En revanche, la moisson des zoologues fut médiocre. Malgré la plantureuse végétation, les invertébrés terrestres paraissaient être beaucoup plus pauvres en espèces que tout au N. de la Norvège. Les coléoptères, par exemple, ne fournirent qu'une vingtaine d'espèces, surtout des *harpalides* et des *staphylinides*, et les mollusques terrestres et d'eau douce 7 ou 8 formes seulement. La faune ornithologique était également assez pauvre et les draguages dans le port ne rapportèrent qu'un nombre insignifiant d'espèces animales ou d'algues, à cause de la nature défavorable du fond.

Le 26 Juillet à trois heures de l'après-midi, le *Véga* leva l'ancre et se dirigea par un temps magnifique et en général un bon vent vers le détroit de Seniavin qui s'ouvre à 115 minutes SO. d'East Cape, entre quelques îles considérables et la péninsule tchouktche. Pendant la traversée, on fit des sondages et l'on prit toutes les quatre heures des échantillons d'eau pour en déterminer le degré de salure et de température à différentes profondeurs. De plus on exécuta des draguages ou *trawlnings* trois fois par jour et cela nous rapporta d'ordinaire un butin extrêmement riche.

Si l'on examine avec attention une carte de la Sibérie, on trouve, comme nous l'avons déjà dit, que les côtes forment en général une ligne continue, qui n'est pas rompue comme la côte occidentale de la Scandinavie par des fiords profonds entourés de hautes montagnes, ni protégée par des archipels (*skärgård*) comme la côte de la Norvège, la plus grande partie de la Suède et de la Finlande. La pointe SE. de la presqu'île forme la seule exception à cet égard. Là, plusieurs petits fiords entament le rivage formé de hautes montagnes de trachyte et, au large, des rochers et des îlots constituent le commencement d'un archipel séparé de la terre ferme par le profond détroit de Seniavin. La carte de cette région a été dressée pendant l'Expédition américaine, riche en précieuses recherches, sous la direction de l'amiral Sir Rodgers à bord du *Vincennes* en 1855. On voit par cette carte ainsi que par d'autres imprimées ou dessinées à la main, que m'a communiquées *The Hydrografic office U. S. Navy, Washington,* qu'il y a plusieurs ports excellents ici.

Le désir de procurer aux naturalistes l'occasion d'achever d'un port sûr leurs études de la nature de la presqu'île tchouktche et mon intention d'étudier d'une manière plus spéciale une des rares parties du littoral sibérien que la glace, selon toute vraisemblance, recouvrait jadis, m'engagèrent à choisir cet endroit comme second mouillage du *Véga* sur la côte asiatique au sud du détroit de Bering. L'ancre y fut jetée le 28 Juillet dans la matinée, mais non comme nous nous l'étions proposé à Glasenapp Harbour, parce que ce port était encore occupé par une glace compacte, mais à l'entrée d'un des fiords les plus septentrionaux, Konyambay. La partie intérieure en était encore également couverte d'une glace solide. Elle débâcla le 30 Juillet dans l'après-midi et faillit mettre un terme inattendu au voyage du *Véga* en pressant le navire contre la terre. Par bonheur le danger fut remarqué à temps, nous fîmes vapeur, l'ancre fut levée et le bâtiment gagna la partie du fiord qui était libre de glace. Comme nous avions de la vapeur et qu'il fallait naturellement ménager désormais notre provision de charbon si abondante jusqu'alors, et que de plus je craignais qu'un trop long retard dans l'envoi de nouvelles rassurantes ne pût aisément causer non seulement beaucoup d'inquiétude mais encore de grandes dépenses, je préférai continuer ma route sans chercher un port plus sûr dans le voisinage.

La rive sud-est de Konyambay près de laquelle le *Véga* mouilla ainsi quelques jours, est formée par une terre marécageuse où nichaient une quantité de grues. Au-delà on voit des montagnes de granit à la base et de trachyte vers le haut s'élevant à environ 600 mètres. Les moissons du zoologiste et du botaniste furent très-médiocres sur ce rivage; mais en revanche le côté nord de la baie où nous nous rendîmes avec le sloop à vapeur montra des versants couverts d'herbe et de buissons assez hauts et une grande variété de fleurs, qui augmentèrent de 70 espèces les collections de plantes supérieures que le Dr Kjellman avait faites dans la région la plus septentrionale de l'Asie. On y rencontra aussi les premiers mollusques terrestres qu'on eût trouvés sur la presqu'île tchouktche.

Trois familles de tchouktches nomades avaient dressé leurs tentes d'été à l'embouchure d'un ruisseau aux eaux passablement abondantes sur la rive nord-est de Konyambay. Leurs habitudes ne se distinguaient guère de celles des Tchouktches côtiers avec lesquels nous avions passé l'hiver et ils étaient aussi vêtus de la même façon, si j'excepte qu'ils portaient une quantité de petits grelots. Le nombre de rennes s'élevait environ à 400, c'est-à-dire beaucoup moins que ce qu'il faut pour nourrir trois familles lapones. Mais il faut dire que les Tchouktches ont beaucoup plus de ressources que les Lapons en fait de poisson et surtout de chasse. Ils ne boivent pas de café et tirent eux-mêmes du règne végétal les aliments dont ils ont besoin. Ils nous firent un accueil très-amical et offrirent de nous vendre ou plutôt de nous échanger trois rennes, mais notre départ subit nous empêcha de conclure ce marché.

Les profondes vallées avaient encore de grands amas de neige, mais pas la moindre trace de glacier (*isbrä*). Je suis cependant convaincu qu'ici les vallées et les fiords ont une fois été remplis de glace, bien que par suite de l'état désagrégé de la trachyte toutes les roches polies fussent depuis longtemps converties en gravier et les moraines confondues avec le sol. On peut admettre que la couverture de glace s'est un jour étendue à l'O. jusqu'aux environs de l'embouchure d'Anadyr et au NE. jusqu'à la baie de Saint-Lawrence et que par suite la région méridionale de la presqu'île tchouktche possédait jadis un petit glacier.

Le 31 Juillet dans l'après-midi, nous jetâmes l'ancre sur la rive NE. de l'île de Saint-Lawrence, ou comme les Tchouktches l'appellent, Engnä. A quelque distance à l'E. du détroit de Seniavin, nous vîmes des glaces flottantes pour la dernière fois. En somme, la quantité de glaces qu'amène le courant polaire par le détroit de Bering est fort peu considérable et la plupart de celles qu'on rencontre au printemps sur le bord asiatique de la mer de Bering est évidemment formée près des côtes. C'est par cette raison que nous ne vîmes pas non plus ici une seule montagne de glace, mais toute l'eau congelée que nous aperçumes se composait de glace unie et rongée qui s'était formée cette année même.

Engnä est la plus grande île de la mer qui se trouve entre les Aléoutes et le détroit de Bering. Elle se rapproche plus de l'Asie que de l'Amérique, mais est considérée comme appartenant à cette dernière et c'est pourquoi la Russie la céda en même temps qu'Alaska aux États-Unis. Elle est habitée par un petit nombre de familles d'Esquimaux; mais ceux-ci se trouvent tellement en contact avec leurs voisins de la rive asiatique qu'ils emploient des mots tchouktches dans leur langue. Leur vêtement ressemble aussi à celui des Tchouktches, sauf qu'à défaut de fourrures de rennes ils emploient des pesques en fourrures de marmottes et d'oiseaux. Pour la pluie ils se servent d'habits en boyaux qui ont la même coupe que ceux des Tchouktches mais avec plus d'ornements.

Comme les Tchouktches, ils vont nu-tête en été, les hommes portant les cheveux noirs tout ras à l'exception d'une petite couronne autour de la racine des cheveux, les femmes avec une chevelure tressée et ornée de perles. Celles-ci vont souvent nu-pieds et presque toujours les jambes découvertes. Elles étaient bien faites et beaucoup d'entre elles avaient l'air assez agréable, mais elles mendiaient toutes sans pitié. Les tentes d'été se composaient d'espèces de hangars irréguliers, mais clairs et assez propres et recouverts de peaux de phoque et de boyaux. Les habitations d'hiver paraissaient semblables au dessin que M. Whymper donne de celles des Indiens de Youkon, c'est-à-dire qu'elles se composent de trous creusés en terre qui sont recouverts en haut, à part une entrée carrée, de bois flotté, d'os de cétacés et de tourbe et sur lesquels une tente de peau de phoque était tendue. Cette tente extérieure était enlevée pour le moment, afin de laisser pénétrer la chaleur d'été dans ce réduit et fondre la glace que l'hiver avait amassée sur les parois. Des os de cétacés se trouvent en quantité sur le rivage et étaient souvent employés comme matériaux pour la construction des tentes. Tout près de ces habitations d'hiver, on voyait souvent de grandes mâchoires inférieures de cétacés grossièrement taillées et percées vers le haut.

La roche se composait de la même espèce de granit que celle qui était au-dessous de la trachyte à la baie de Konyam; très friable, elle doit certainement donner naissance à un sol fertile. La végétation était du moins luxuriante et se parait alors d'un éclat de fleurs dont j'ai rarement vu le pendant. Cette époque semblait être celle de la moisson, aussi les indigènes étaient-ils occupés alors à récolter leur foin pour l'hiver, principalement des feuilles de *Rhadiola*. Le Dr Kjellman fit une riche moisson de plantes supérieures et nous recueillîmes également en cet endroit une belle collection d'animaux terrestres et marins, de lichens et d'algues.

Il ne paraît pas y avoir de port à l'île de Saint-Lawrence et le *Véga* était mouillé dans une rade tout ouverte. Aussi le lieutenant Palander était-il pressé de quitter cet endroit aussi tôt que possible; nous reprîmes donc notre route le 2 Août à trois heures de l'après-midi. Nous gouvernâmes d'abord sur l'île Karaghinsk près de la côte orientale du Kamtchatka. Mon intention était d'y jeter l'ancre pour pouvoir comparer la nature du Kamtchatka moyen avec celle de la presqu'île tchouktche. Mais comme des vents contraires retardèrent notre traversée au-delà de nos calculs, je renonçai bien qu'à contre-cœur à mon plan d'y débarquer. En revanche, l'île de Bering fut alors notre premier but. Le *Véga* y jeta l'ancre le 14 Août au soir dans un mauvais port complètement ouvert à l'ONO. et au S. sur la côte NO. de l'île.

L'île de Bering est la plus occidentale des îles Aléoutes et la plus voisine du Kamtchatka. Ainsi que l'île de Cuivre, elle ne fait pas partie de l'Amérique mais de l'Asie et appartient à la Russie. Toutefois, la Compagnie américaine d'Alaska a acquis le monopole de la chasse dans l'île et y entretient un comptoir assez important qui fournit les 300 habitants de l'île de vivres et d'articles de manufacture: elle reçoit en échange des fourrures, surtout des peaux d'un phocide, le chat ou l'ours de mer, *Otaria ursina.* On tue annuellement entre 50,000 et 100,000 de ces animaux dans cette île et celle de Cuivre. Ils fournissent la «peau de phoque» brune et soyeuse qui a été à la mode ces dernières années. Des autorités russes sont établies dans l'île pour surveiller les droits de la Russie et maintenir l'ordre.

Une demi-douzaine de maisons de bois sont élevées pour les employés du gouvernement russe et ceux de la Compagnie américaine ainsi que pour servir de magasins et de boutiques. Les indigènes habitent les uns des maisons de terre spacieuses et assez bien agencées à l'intérieur; les autres, des maisonnettes de bois par lesquelles la Compagnie cherche à remplacer petit à petit les maisons de tourbe, en en faisant venir quelques-unes tous les ans pour les donner gratuitement aux plus méritants d'entre les insulaires. Chaque famille a sa maison particulière. Il se trouve aussi une église pour le culte orthodoxe-grec et une grande maison d'école destinée aux enfants aléoutes. Elle était malheureusement fermée lors de notre visite, mais à en juger par les cahiers qui se trouvaient dans la salle d'études, l'enseignement ne doit pas être à mépriser. Ces cahiers se distinguaient du moins par la propreté, l'absence de barbouillages et l'écriture en était remarquablement égale et jolie. Dans la «colonie,» les maisons sont rassemblées en un point de manière à former un village qui, de la mer, produit à peu près l'effet d'un petit village de pêcheurs en Norvège. Quelques maisons se trouvent aussi sur d'autres parties de l'île, par exemple à son extrémité NE. où la pomme de terre est cultivée sur une petite échelle, à la pêcherie («fångstplats») sur le côté du N. où sont bâtis deux ou trois magasins et un grand nombre d'abris en terre qu'on n'emploie que pendant le temps de l'abattage des animaux.

Au point de vue de la géologie aussi bien qu'à celui de l'histoire naturelle, l'île de Bering est une des plus remarquables de la région septentrionale de l'Océan Pacifique. C'est là que Bering, après sa dernière et malheureuse navigation dans la mer qui porte aujourd'hui son nom, finit le 19 Décembre 1741 sa longue carrière de découvertes, peu de temps après qu'au milieu de la côte septentrionale son navire eut été brisé dans une tempête contre les rochers de l'île. Bon nombre de ses compagnons lui survécurent, entre autres Steller, ce naturaliste éminent qui traça de main de maître le tableau de la nature de cette île où il passa involontairement neuf mois (de Novembre 1741 à la fin d'Avril 1742). Autant qu'on sache, l'île de Bering n'avait jamais été visitée avant eux. Le désir d'acquérir pour nos musées des peaux ou des squelettes des nombreux mammifères remarquables qui se trouvent dans ces parages et de comparer l'état actuel de l'île, théâtre depuis près d'un siècle et demi d'une chasse sans ménagement, avec la description si vivante que nous en fournit Steller, ce désir m'avait engagé à faire entrer dans le plan de voyage de l'Expédition un court séjour en cette contrée. Mais les nouvelles que je reçus dans l'île de Bering en lisant les journaux américains qui m'apprirent l'inquiétude que notre hivernage avait causé en Europe, m'empêchèrent, il est vrai, de m'y arrêter autant que je l'aurais souhaité; toutefois, notre butin de collections et d'observations fut excessivement riche.

Depuis le temps de Steller, la faune de l'île a subi des changements essentiels.

Les renards ou plus exactement les isatis se montraient ici en nombre incroyable. Ils dévoraient non seulement tout ce qui était à peu près comestible et qu'on laissait dehors, mais ils pénétraient même le jour comme la nuit dans les habitations et en emportaient tout ce qu'ils pouvaient trouver, même des objets dont ils n'avaient nullement besoin, comme des couteaux, des cannes, des sacs, des souliers et des bas. Lorsqu'on travaillait hors des maisons, il fallait les chasser avec des bâtons et ils étaient réellement dangereux pour les naufragés, grâce à l'adresse et à la ruse avec lesquelles ils savaient exécuter leurs maraudes et la sagesse avec laquelle ils combinaient leurs efforts pour parvenir au but qn'ils ne pouvaient atteindre seuls. Depuis lors des milliers et des milliers sont devenus la proie des chasseurs avides de leurs fourrures et ils sont si rares aujourd'hui que nous n'en avons pas vu un seul durant notre séjour ici. Ce qui reste d'ailleurs ne porte plus, paraît-il, la robe précieuse d'un bleu noir de leurs ancêtres, mais un pelage blanc qui n'a guère de valeur. Sur l'île voisine de Cuivre, les isatis se rencontrent encore en nombre assez considérable.

Steller et ses compagnons tuèrent ici 700 loutres de mer en 1741—1742. Cet animal, renommé par sa fourrure extrêmement précieuse, a été complètement exterminé dans l'île de Bering. Le lion de mer (*Otaria Stelleri*), qui se rencontrait autrefois en grand nombre ici ne montre plus, comme l'ours de mer (*Otaria Ursina*), que des individus isolés sur les falaises; enfin le mammifère le plus remarquable de l'île de Bering, la grande vache de mer, est totalement éteint.

La stellère ou vache de mer de Steller (*Rhytina Stelleri*) prenait pour ainsi dire la place des ruminants parmi les mammifères marins. Elle était d'une couleur brune comme les bœufs et couverte de poil qui avait crû ensemble de manière à former une peau extérieure semblable à l'écorce d'un vieux chêne. Sa longueur atteignait d'après Steller jusqu'à 10 mètres et son poids jusqu'à 200 quintaux. La tête était grande, le cou court, peu marqué, le corps antérieur très épais mais diminuant rapidement vers l'arrière. Elle avait deux pattes antérieures courtes qui se terminaient subitement sans doigts ni ongles mais par une foule de soies courtes et très serrées. Les pattes de derrière faisaient absolument défaut et étaient remplacées par une nageoire caudale semblable à celles des cétacés. Les mamelles, très-riches en lait chez la femelle, avaient leur place entre les pattes de devant. La chair et le lait avaient le goût de ceux des bêtes à cornes et leur étaient même préférables suivant Steller.

Les vaches de mer étaient presque toujours occupées à brouter les algues qui se trouvent à foison sur la côte et on les voyait alors agiter la tête et le cou à peu près comme un bœuf. Elles faisaient preuve d'une grande voracité et ne se laissaient nullement troubler par la présence de l'homme. On pouvait même aller les toucher sans qu'elles en fussent effrayées ou qu'elles s'en souciassent. Elles se montraient fort attachées les unes aux autres et lorsqu'une d'entre elles était harponnée, les autres faisaient d'incroyables efforts pour la sauver.

Du temps de Steller, ces animaux paissaient, rassemblés comme des bêtes à cornes en grands troupeaux, tout le long du rivage. Steller et ses compagnons en tuèrent un grand nombre. Plus tard la chasse de ces animaux devint une industrie importante pour les Russes qui venaient à voile du Kamtchatka aux îles Aléoutes; on en tuait des centaines tous les ans et cet animal fut bientôt exterminé, puisque sa présence, si l'on excepte quelques animaux fourvoyés, se bornait déjà à cette époque à l'île de Bering. D'après ce que Middendorf nous rapporte des recherches très soigneuses que firent les célèbres académiciens von Baer et von Brandt, la vache de mer n'aurait pas été vue avant l'époque de Steller (1741) et le dernier représentant de cette intéressante espèce devrait avoir été tué en 1768. Les nombreuses questions que j'ai adressées aux indigènes m'apprirent avec certitude qu'on a tué des stellères plus tard encore. Un «créole», c'est-à-dire un mélange de Russe et d'Aléoute, qui avait 67 ans, l'air intelligent et toutes ses facultés, me dit que son père était mort en 1847 à l'âge de 88 ans. Ce dernier, natif de la Volhynie, était venu à l'âge de 18 ans à l'île de Bering, par conséquent en 1777. *Les deux ou trois premières années de son séjour, donc vers 1779 ou 1780, on avait encore tué des stellères pendant qu'elles broutaient des algues à la marée basse.* On n'avait mangé que le cœur et on s'était servi de la peau pour des *baïdares* [1]). A cause de son épaisseur, elle fut coupée en deux. Deux de ces peaux ainsi divisées avaient servi à une baïdare, de cinq mètres sur deux de large et un de profon-

---

[1]) Nom que les Kamtchadales donnent à leurs *caïacs* ou canots couverts ordinairement de peau de phoque. — *N. du Tr.*

deur. Depuis cette époque on n'avait plus tué de ces animaux.

Cependant on soupçonne qu'une vache de mer s'est montrée encore plus tard dans l'île. Deux «créoles», Théodore Mertchenin et Stepnoff, virent il y a 25 ans au cap Tolstoï sur la côte orientale de l'île un animal qui leur était inconnu: le corps, très épais à l'avant et diminuant vers l'arrière, avait les pattes antérieures courtes et faisait voir une longueur de cinq mètres environ, tantôt en s'élevant audessus de l'eau, tantôt en s'y plongeant. Il soufflait non par un évent mais par la bouche, qui était un peu étendue en dehors. Il était d'une couleur brune avec de grandes taches claires. Il n'avait pas de nageoire dorsale, mais lorsqu'il se baissait on pouvait voir, à cause de *sa grande maigreur*, les processus de la colonne dorsale. J'établis un minutieux interrogatoire avec les deux personnes dont je tiens ces détails. Leurs récits concordaient pleinement et semblaient dignes de foi.

Un employé de la Compagnie d'Alaska, M. Ohsche, natif de Livonie et actuellement établi à l'île de Cuivre, m'a raconté qu'il y avait aussi des ossements de stellères au milieu du côté occidental de cette île. En revanche, on n'en rencontre pas sur le petit îlot qui se trouve devant la colonie, quoique ces os soient très communs sur le côté voisin de l'île principale. Voilà les renseignements que j'ai pu recueillir sur cet animal auprès des indigènes et d'autres gens établis dans la contrée. Mais j'ai eu la bonne fortune de rassembler une grande et belle collection de parties de squelettes.

Lorsque je fis d'abord connaissance avec des Européens de l'île, ils me dirent que j'aurais peu de chance de réussir à faire de grandes collections sous ce rapport, car la Compagnie avait offert 150 roubles pour un squelette, mais sans succès. A peine étais-je à terre depuis quelques heures que j'appris qu'il y avait ici et là de plus ou moins grandes collections d'os dans les cabanes des indigènes. J'en fis l'acquisition, en les payant à dessein de manière que le vendeur fût plus que content et le voisin quelque peu envieux. Une grande partie de la population mâle se mit alors à chercher des os avec un empressement sans pareil, et je réunis de cette façon 21 tonneaux ou grandes caisses remplis d'os de *Rhytina*, parmi lesquels je compte de nombreuses et importantes collections du même animal, deux complètes et particulièrement belles, ainsi que quelques crânes plus ou moins endommagés, etc.

Ces os de rhytine ne se trouvent pas au bord de l'eau, mais sur un exhaussement du rivage de trois mètres environ et convert d'une herbe touffue. Ils sont ordinairement enfouis sous une couche de terre et de gravier de 30 à 50 centimètres d'épaisseur, et pour les déterrer il fallait sonder le terrain avec une broche de fer, une baïonnette ou un instrument de ce genre, car il aurait été trop incommode de remuer tout le gazon. On apprit vite à distinguer au coup et à la nature du son, si la pointe enfoncée dans le sol heurtait une pierre, un morceau de bois ou un os.

La dureté des côtes de la *Rhytina*, semblables à l'ivoire, les fit employer par les indigènes à former les patins de leurs traîneaux et à la sculpture sur os. C'est pourquoi ils ont déjà été employés en grande quantité et sont plus rares que les autres os. Les os des phalanges semblent en général être déjà tout à fait détruits ainsi que les dernières vertèbres caudales.

Le seul grand animal qui se trouve encore dans l'île en nombre aussi considérable que du temps de Steller, c'est l'ours de mer (*Otaria ursina*). Il avait aussi déjà diminué de manière à ne rapporter qu'un butin annuel tout à fait insignifiant, lorsque la Compagnie d'Alaska en acquit, contre un droit de deux roubles, si je me souviens bien, payés au gouvernement russe pour chaque bête abattue, le monopole de la chasse, et que celle-ci fut par suite ordonnée plus convenablement. A certaines époques de l'année, elle est strictement prohibée. Le nombre des animaux à tuer est fixé d'avance tout comme l'agriculteur détermine au mois d'août combien il devra abattre de têtes dans son troupeau. Puis on choisit, aussi bien que c'est possible à la hâte, les animaux condamnés et on épargne tous ceux qui ont une peau défectueuse ainsi que les femelles et les petits.

Les nombreuses bandes d'ours marins qu'on rencontre sur les îles de Bering et de Cuivre est traitée ainsi à peu près comme un troupeau d'animaux domestiques. Cela ne peut se faire que parce que ces ours ont l'habitude de passer plusieurs mois de l'année presque sans interruption et sans prendre de nourriture sur certains promontoires allongés qui s'avancent de ces îles dans la mer. Ils s'y rassemblent sur le rivage par centaines de milliers en troupes très serrées. Dans ces endroits il est expressément interdit de faire la chasse ou de troubler le repos de l'animal sans une permission particulière du staroste du village, élu parmi les Aléoutes qui y sont établis. Quand un certain nombre d'ours marins doit être tué, une bande de chasseurs entoure un groupe de ces animaux et les chasse avec des bâtons dans l'herbe à quelque distance du rivage. Puis on renvoie les femelles et les petits ainsi que les mâles dont la peau est hors d'emploi. Les autres sont étourdis d'abord par un coup sur le museau et ensuite achevés au couteau.

Accompagnés du bailli du village, un Aléoute bègue aux cheveux noirs et du Cosaque — un charmant jeune homme qui portait dans les grandes occasions un sabre presque aussi long que lui, mais qui ne répondait nullement d'ailleurs au type bien connu des romans et du théâtre — quelques-uns d'entre nous se rendirent à un promontoire qui fait saillie sur le côté septentrional de l'île dans la mer et est une place favorite des ours marins. Il y en avait alors suivant l'évaluation quelque peu exagérée qu'on nous fournit, 200,000 de réunis sur cette langue de terre et sur les rives voisines. Avec nos guides, nous eûmes la permission de ramper tout près d'une bande qui se trouvait un peu à l'écart. Les animaux âgés manifestèrent d'abord un peu d'inquiétude en nous voyant arriver si près d'eux, mais ils reprirent bientôt leur calme et nous eûmes le plaisir d'un singulier spectacle. Nous étions les seuls spectateurs. La scène se composait d'une plage pierreuse frangée par les brisants écumants; au fond la mer immense, pour acteurs des milliers d'animaux aux formes étranges. De vieux mâles étaient couchés calmes et immobiles, insouciants de ce qui se passait autour d'eux. D'autres s'avançaient gauchement en rampant sur leurs pattes courtes parmi les brisants, jouaient, se caressaient les uns les autres ou se querellaient. Dans un endroit, deux vieux ours se battaient, en poussant un cri aigu et particulier, comme si l'attaque et la défense avaient été exécutées avec des poses ad hoc longuement étudiées. Ailleurs un vieil animal faisait semblant de se battre avec un jeune et on aurait dit que ce dernier prenait une leçon d'escrime. Partout les petits à la peau noire faisaient les empressés entre les vieux, poussant parfois un cri semblable à celui de l'agneau appelant sa mère. Les petits sont souvent étouffés par les adultes, quand ceux-ci effrayés par une cause quelconque se précipitent dans la mer; c'est ainsi qu'on trouve sur le rivage des centaines de cadavres après une pareille alarme. On n'avait tué cette année que 13,000 animaux «seulement». Leurs corps écorchés étaient amoncelés dans l'herbe du rivage et répandaient au loin une odeur repoussante qui ne faisait pourtant pas fuir les camarades couchés sur le promontoire voisin, car une odeur semblable était répandue au milieu d'eux par les nombreux animaux étouffés sur le rivage ou morts naturellement. Au milieu de cette immense foule d'ours marins trônait assis solitairement sur le sommet d'une haute pierre un lion marin, le seul animal de cette espèce que nous ayons vu pendant le voyage.

Moyennant 40 roubles, je réussis à faire enlever par le staroste les squelettes de quatre ours laissés à demi décomposés dans l'herbe, et plus tard je reçus de la bienveillance des autorités russes et sans dédommagement six animaux à empailler, dont deux petits vivants. Nous fûmes obligés de les tuer aussi, après avoir en vain essayé de leur faire prendre de la nourriture. Nous en rapportons un conservé dans l'esprit de vin pour des études anatomiques.

La partie de l'île de Bering que nous avons vue se compose d'un plateau reposant sur des roches volcaniques [1]), mais il est coupé en plus d'un endroit par des vallons en forme de chaudières. Le fond en était ordinairement occupé par des lacs que des rivières plus ou moins grandes faisaient communiquer avec la mer. Les bords des lacs et le versant des montagnes sont couverts d'une végétation extrêmement luxuriante, riche en longues herbes et en belles fleurs, entre autres un glaïeul cultivé dans nos jardins, le lis des savanes au brun d'un rouge foncé, diverses orchidées, deux espèces de rhododendron aux grandes fleurs, des ombellifères montant à hauteur d'homme, des synanthérées, etc.

Une tout autre nature dominait dans l'île située devant le port. Voici ce que MM. Kjellman et Stuxberg disent à ce sujet:

---

[1]) D'après les observations de M. Grebnitsky, il se trouve aussi dans l'île des fossiles tertiaires et des gisements de charbon, les premiers au Nord de l'île dans l'intérieur du pays, et les autres au bord de l'eau au S. de la tombe de Bering. Dans le voisinage de la colonie, on trouve aussi des lits de trachyte superposant de puissantes couches de sable.

«L'île de *Toporkoff* est formée par une roche éruptive qui partout vers la rive à quelques dizaines de mètres du maximum des eaux, s'élève sous la forme de murailles abruptes, basses et crevassées, de cinq à quinze mètres de haut suivant les endroits. Au-dessus de ces parois escarpées, la surface de l'île forme une plaine unie, ce qui se trouve au-dessous forme le rivage en pente douce.

»Ce rivage constitue deux zones bien distinctes, une extérieure sans végétation, l'autre intérieure où croissent l'*Ammadenia peploides*, l'*Elymus mollis* et deux ombellifères, *Heracleum sibiricum* et *Angelica archangelica*; ces deux dernières forment le long de la corniche un fourré large de 50 mètres, à hauteur d'homme et presque impénétrable.

»Les corniches sont en certains endroits couvertes de lichens jaunes, principalement de *Caloplaca murorum* et *Cal. crenulata*, en d'autres de *Cochlearia fenestrata* assez serrées.

»La plaine supérieure est garnie d'un épais et luxuriant tapis, où s'élèvent ci et là des pieds isolés d'ombellifères dont nous avons parlé.

»La végétation de cette île unit à une extrême pauvreté d'espèces une rare abondance de production.

»En fait d'animaux supérieurs, nous ne vîmes que quatre oiseaux, notamment *Fratercula cirrhata*, *Uria grylle*, une espèce de cormoran (*Phalacrocorax*) et une du genre des mouettes (*Larus*). Le *Fratercula cirrhata* vivait ici par millions. Ils gîtaient sur la plaine supérieure, où ils avaient creusé partout de petits souterrains, courts, profonds et extrêmement larges, munis de deux orifices: c'est là qu'ils dormaient. A notre arrivée, ils s'envolèrent en grandes troupes du côté de la mer. Ils se trouvaient en nombre presque aussi considérable que sur les montagnes à oiseaux des régions arctiques. Les petits guillemots (*Uria grylle*) et les cormorans se plaisaient dans les rochers du fiord.

»Le nombre des invertébrés terrestres s'élève peut-être à 30 espèces: les plus fréquents sont *Machilis*, *Vitrina*, *Lithobius*, *Talitrus*, quelques diptères et des scarabées. Ils vivaient tous dans la zone intérieure du rivage, où le sol était extraordinairement humide.»

L'île de Bering pourrait nourrir sans difficulté des troupeaux de bêtes à cornes peut-être aussi nombreux que ceux des vaches de mer qui paissaient jadis sur ces mêmes rives. La stellère avait choisi avec discernement son pâturage, car la mer est ici, d'après le Dr Kjellman, une des plus riches du monde en fait d'algues. Le fond est couvert, dans des endroits convenablement situés, de forêts d'algues de 20 à 30 mètres de haut, qui sont si touffues que la drague y pénètre avec peine, circonstance qui rendait l'opération du draguage fort difficile. Elles sont employées comme aliments par les indigènes.

La langue de terre où les ours de mer ont de préférence leur gîte se trouve à environ 20 kilomètres du village; nous y allâmes chacun dans son traîneau attelé d'environ dix chiens. Pendant cette course, à une halte que nous fîmes à mi-chemin entre le village et la pêcherie, nous eûmes l'occasion de prendre part à une pêche très singulière.

L'endroit où nous nous arrêtâmes était situé dans une plaine unie et couverte d'herbe que sillonnaient en tous sens une quantité de petits ruisseaux. Plusieurs espèces différentes de poisson y abondaient, entre autres une espèce de corégone, une petite forelle, un saumon de grandeur moyenne avec une chair presque blanche mais à la peau de couleur pourpre, et un autre de la même longueur environ, mais très large et muni d'une bosse sur le dos. Nous les prîmes avec les mains, ou en les harponnant avec des cannes ordinaires non ferrées ou d'autres bâtons, en les frappant à coups de couteau, ou bien en les pêchant avec le filet à papillons, etc. D'autres espèces de ces saumons, à la chair vermeille, se trouvent dans les grandes rivières de l'île. Nous eûmes là pour une bagatelle une variation agréable au régime de conserves dont nous avions eu déjà depuis longtemps l'occasion de nous lasser.

L'Expédition reçut en outre comme présent de la Compagnie d'Alaska un bœuf magnifique, du lait et d'autres contingents à notre table, et je ne saurais trop faire l'éloge de l'amabilité dont nous fûmes les objets ici de la part du fonctionnaire russe, M. Grebnitski, amateur éclairé autant que zélé des sciences naturelles, ainsi que des employés de la Compagnie d'Alaska et de toutes les autres personnes de l'île avec lesquells nous avons eu le plaisir d'être en contact.

A l'origine, je me proposais de faire voile de l'île de Bering pour Pétropavlosk, afin de faire rebrousser chemin aux expéditions qui avaient peut-être été envoyées à notre «secours». Mais ce fut inutile, car un bateau à vapeur qui devait partir pour cette ville dès qu'il aurait embarqué son chargement, mouillait à côté du *Véga* deux jours après notre arrivée. Il appartenait à la Compagnie d'Alaska et s'appelait *Alexandre:* il était commandé par le capitaine Sandman et équipé presque exclusivement par des Suédois, des Danois, des Finnois et des Norvégiens. Il avait deux naturalistes à bord, les docteurs Benoît Dybovski et Julien Wimut. Le premier, Polonais déporté en Sibérie, avait été gracié; ses remarquables travaux en zoologie doivent être comptés au nombre des meilleures contributions qui dans ces dernières décades d'années ont été fournies à la connaissance de la nature en Sibérie. Ses études ont jusqu'ici porté sur la région du Baïkal. Désireux maintenant de les étendre au Kamtchatka, il s'est volontairement chargé d'une place de médecin à Petropavlosk. La science a lieu d'attendre beaucoup de ses travaux et de ceux de son compagnon dans une contrée des plus intéressantes, des plus méconnues et des plus inconnues du Nord.

Le *Véga* quitta l'île de Bering le 19 Août dans la soirée. L'ancre fut jetée à Yokohama le soir du 2 Septembre. Pendant que nous étions encore dans le courant froid de la Mer Glaciale, venant du Nord, notre traversée fut favorisée par un bon vent et une chaleur tempérée. La température de la surface de la mer accusa 9° à 11°. Le 25 Août par 45° $^3/_4$ lat. et 156° long. E. de Greenwich, la température de l'eau de mer se mit à monter si rapidement que déjà le 28 par 45° $^{3}/_{4}$ lat. et 147° 41′ long., le thermomètre s'éleva jusqu'à 23°,4 au bord de l'eau. Cela indiquait que du courant froid qui nous était favorable nous étions venus dans le Kouro-sivo, le Gulf-stream de l'Océan Pacifique. Le vent devint contraire par intervalles et la chaleur étouffante, malgré les nombreuses averses accompagnées de tonnerre et de bourrasques. Pendant un de ces orages, le 31 Août, la foudre s'abattit avec une détonation formidable sur le grand mât du *Véga*. La girouette fut arrachée et jetée à la mer avec quelques centimètres de l'extrémité du mât, qui fut même fendu assez bas et tout le monde à bord éprouva une commotion plus ou moins forte, surtout un homme de l'équipage qui se trouvait alors à l'écubier. L'accident n'eut pas d'autre suite fâcheuse.

A notre arrivée à Yokohama, tout le monde à bord était bien portant et le *Véga* en parfait état, bien qu'après une si longue traversée il eût besoin d'être radoubé et peut-être même doublé de cuivre. Naturellement pendant le cours d'une année des cas de maladie sans gravité étaient inévitables parmi 30 personnes, mais nous n'avons pas eu d'état morbide général et *la santé a toujours été excellente*. Nous n'avons pas vu de trace de scorbut.

A bord du *Véga* mouillé à Yokohama, le 2 Septembre 1879.

(Signé:) A. E. NORDENSKIÖLD.

Printed in Dunstable, United Kingdom

91219479R00080